実務で使える

Excel VBA
プログラミング作法

「動けばOK」から卒業しよう！
生産性が上がるコードの書き方

立山 秀利 著

技術評論社

●サンプルファイルのダウンロードについて

本書で紹介しているサンプルファイルは、本書のサポートサイトから
ダウンロードできます。

・本書サポートサイト
https://gihyo.jp/book/2019/978-4-297-10871-7

●免責

本書に記載された内容は、情報の提供のみを目的としています。したがって、本書を
用いた運用は、必ずお客様自身の責任と判断によっておこなってください。これらの情
報の運用の結果について、技術評論社および著者はいかなる責任も負いません。

本書記載の情報は、刊行時のものを掲載していますので、ご利用時には変更されてい
る場合もあります。

以上の注意事項をご承諾いただいたうえで、本書をご利用願います。これらの注意事
項をお読みいただかずに、お問い合わせいただいても、技術評論社および著者は対処
しかねます。あらかじめ、ご承知おきください。

●商標、登録商標について

本文中に記載されている製品の名称は、一般に関係各社の商標または登録商標です。
なお、本文中では™、®などのマークを省略しています。

はじめに

　Excelのマクロはあらゆる操作や処理を自動化でき、生産性を劇的にアップできる便利な機能です。VBA（Visual Basic for Applications）をがんばって学び、目的の機能のマクロをプログラミングによって作れるようになったときの喜びは格別なものでしょう。

　さて、VBAをある程度使えるようになり、「そろそろ初心者は卒業かな」といった段階になったら、その次のステップとして、"良いコード"を書ける力を身につけることが求められます。

　仕事の実務ではたいてい、マクロは一度作成して終わりではなく、あとから機能の追加・変更が必要となります。その際、コードが「動けばOK」といった意識で記述され、ゴチャゴチャしていると、機能の追加・変更のためのコード編集で非常に苦労してしまいます。そこで、「動けばOK」ではなく、あとから機能の追加・変更を素早く確実に行える"良いコード"を書くことが重要になるのです。

　本書はそういった"良いコード"を書ける力を身につけるための本です。どのようなコードが"良いコード"であり、どう書けばよいのかを丁寧に解説しています。

　そして、本書の大きな特徴がハンズオン型であることです。"良いコード"は書き方を単に本で読んだだけでは身につかないものです。そこで本書では、具体的なサンプルを用いて、読者の皆さんのお手元のPC上にて、"良くないコード"から"良いコード"への書き換えを実施していただきます。

　読者の皆さんはそういった書き換えを実際に手を動かして体験することで、解説を読んで得た知識が確実にご自身の血肉となります。ただ読むだけではなく、常に手を動かすスタイルの本のため、飽きることなく、効率よく学んでいけるでしょう。

　それでは、「動けばOK」から卒業し、生産性をよりアップするために、"良いコード"の書き方の学習を始めましょう！

目次

はじめに 3

第1章 | 良いVBAのコードとは   13

1-1 そのVBAのコード、半年後の自分が理解できますか？ 14
意図どおり動くコード、の次に目指すこと 14
どこでなにをやっているかがわかりやすいか？ 14
半年後の自分は他人 16

1-2 "良いコード"とはなんだろう？ 16
良いコードであるための2つの条件 16
最初から良いコードを書くのは難しい 17
COLUMN 良いコードであるためのほかの条件 18

1-3 本書の読み進め方 19
サンプルを"良いコード"にしていこう 19
サンプルの機能の紹介 19
サンプルのコード 22
プログラムの中身をザッと把握しよう 23
COLUMN 「マクロの記録」で生成されたコードも整えよう 28

目次

第2章　見た目にこだわる　29

2-1　理解しやすいコードは見た目も美しい　30
　見た目を整える3つの基本的な方法　30

2-2　コードのまとまりをインデントしよう　31
　インデントを行う基準　31
　サンプルのインデントを整えよう　34
　忘れずに動作確認しよう　36
　インデントの入れすぎに注意！　38
　COLUMN　インデントに関する設定を変更する　38

2-3　まとまりごとに空行を入れよう　39
　空行ひとつで見やすさアップ　39
　サンプルに空行を入れてみよう　40
　転記の処理のまとまりをさらに際立たせる　42

2-4　1行が長いコードは適度に改行しよう　43
　「 _」でコードの途中で改行　43
　サンプルのコードを途中で改行してみよう　44
　より見やすく途中で改行するには　48
　1つのコードで何回途中で改行してもいいの？　49
　COLUMN　半角スペースの挿入もVBEに任せればOK!　51
　COLUMN　Valueプロパティは省略しないほうが吉　52

5

第3章　適当な名前を付けない　53

3-1 読みやすいコードは名前もわかりやすい ……… 54
理解しやすさには名前も大切 ……… 54

3-2 プロシージャは機能がわかる名前を付けよう ……… 55
機能が一目でわかる名前にしよう ……… 55
キャメル記法とスネーク記法 ……… 56
サンプルのSubプロシージャ名を変更しよう ……… 58
マクロを登録しなおす ……… 58
長いプロシージャ名は省略形にしよう ……… 60
日本語のプロシージャ名はあり？ ……… 61

3-3 変数や定数は用途がわかる名前を付けよう ……… 61
わかりづらい変数名はNG！ ……… 61
どんな名前にするかを考える ……… 62
複数の単語を並べるときの順番 ……… 64

3-4 変数名を変えてみよう ……… 65
サンプルの変数名を書き換えよう ……… 65
面倒でもバックアップを心がけよう ……… 69
COLUMN 「コメントアウト」を活用しよう ……… 70
一括置換する際は要注意 ……… 71

3-5 変数名の暗黙の了解 ……… 71
カウンタ変数は必ず「i」にすべき？ ……… 71
変数名でよく使われる省略形 ……… 72
処理の前後、真偽、を表す変数名 ……… 72
日本語の変数名 ……… 73
COLUMN フォームのコントロールもわかりやすい名前を ……… 73

第4章　コメントを入れよう　75

4-1 たかがコメント、されどコメント　76
コードの中に残しておく"メモ"　76
VBAでのコメントの書き方　76
コメントを残すべきことって何？　77
COLUMN　コメントを入れる際の注意点　79

4-2 サンプルにコメントを入れてみよう　79
宛名転記の処理にコメントを入れる　79
"ハマりそうな罠"への警告をコメントする　80
処理の意図をコメントで残しておこう　81
繰り返しと分岐にもコメント　83
似たようなコードをコメントで区別する　84
「コードを読んだまま」のコメントはNG　85
削除してはいけない処理もコメントしておこう　85
プロシージャ全体にもコメントをつける　86

4-3 ポイントとなる箇所にコメントを入れよう　87
プログラムの大きな構成をコメントで示そう　87
コメントを整えて全体の見通しをよくする　88
COLUMN　コメントから先に書くVBAプログラミングも有効　91

第5章　変数は必ず宣言して使おう　93

5-1 なぜ変数を宣言するのか　94
変数宣言のキホンをおさらいしよう　94
COLUMN　プロシージャレベル変数とモジュールレベル変数　96

変数を宣言すべき2つの理由 ·· 97

宣言していない変数を強制的に使えないようにする ················ 98

COLUMN Option Explicitを自動で挿入するには ············· 100

5-2 本書サンプルで変数を宣言してみよう ·················· 101

2つの変数を宣言するコードを追加 ································ 101

わざと誤った変数名で試してみよう ································ 102

5-3 変数を宣言したことによる補完機能 ·················· 104

記述の間違いをもっと早く知るには ································ 104

入力補完で変数名の記述ミスを減らす ······························ 105

5-4 変数宣言時にデータ型も指定しよう ·················· 107

データ型を指定すべき2つの理由 ································ 107

データ型を指定しないとどうなる? ································ 109

なるべく毎回指定しておきたいデータ型 ····························· 109

その他の主なデータ型 ·· 110

5-5 本書サンプルでデータ型を指定してみよう ·············· 111

変数の宣言にデータ型の指定を追加する ····························· 111

わざと誤ったデータ型で試してみよう ······························ 112

COLUMN 実行時エラー「型が一致しません」の示すコードが変わった理由 ··· 115

5-6 覚えておきたいオブジェクト変数のデータ型 ·············· 116

オブジェクトを入れる変数のデータ型 ······························ 116

COLUMN 「どんな変数だっけ?」を素早く調べる ············· 117

目次

第6章 数値や文字列は定数に置き換えよう　119

6-1 なぜ数値や文字列を直接記述してはいけないのか　120
「異なる意味の同じ数値」はトラブルの原因　120
数値を定数化して問題を解決しよう　122
直接記述された文字列も定数化しよう　124

6-2 定数定義のキホンをおさらい　126
名前と値を指定して定義　126
COLUMN 定数じゃなくて、変数じゃダメなの？　127

6-3 サンプルで 数値を定数化しよう　128
数値ごとに定数名を考えよう　128
COLUMN 定数はプロシージャレベル／モジュールレベルも考慮　134

6-4 定数を定義して数値を置き換えよう　135
請求書の表の先頭行番号を定数化　135
残りの数値も定数化しよう　137
定数定義のコードを整理してもっと見やすくしよう　140
COLUMN 「列の入れ替え」への対応を体験してみよう　143

6-5 文字列も定数化して変化に強くしよう　146
直接記述された文字列の問題と解決方法　146
文字列ごとに定数名を考えよう　148

6-6 定数を定義して文字列を置き換えよう　152
まずは定数定義のコードを追加　152
直接記述された文字列を定数に置き換えよう　153
「異なる意味の同じ文字列」問題　157
COLUMN 定数化するタイミング　158

9

6-7 知っておきたい定数の知識やノウハウ ……… **158**

複数の列番号の定数化はどうすべき？ ……………………… **158**

基準となる列番号の定数も加える ……………………………… **160**

文字列の定数の値の定義に数値の定数を利用する …………… **161**

COLUMN 列挙型のキホン ……………………………………… **162**

第7章 共通するコードはまとめよう **165**

7-1 何度も登場するオブジェクトをまとめよう ……… **166**

オブジェクトの記述をまとめる2つの方法 ………………… **166**

オブジェクト変数のキホンをおさらい ………………………… **168**

7-2 サンプルの重複するオブジェクトを変数にまとめよう ……… **170**

オブジェクトをまとめる変数を決めよう ……………………… **170**

サンプルで重複するオブジェクトを変数でまとめよう ……… **171**

階層構造のオブジェクトならもっと効果的 ………………… **175**

7-3 Withステートメントで重複をまとめる ………… **177**

Withステートメントのキホンをおさらい ……………… **177**

7-4 共通する処理はくくり出してまとめる ………… **179**

サンプルの紹介（sample2.xlsm） ………………………… **179**

7-5 共通する処理をSubプロシージャにくくり出す ……… **182**

Subプロシージャにまとめ、Callで呼び出す ……………… **182**

サンプルで重複するコードをまとめよう ……………………… **184**

Callなしでもプロシージャは呼び出せるが…… …………… **186**

7-6 Subプロシージャの引数でちょっとした違いを吸収する …… **186**

Subプロシージャの引数の使い方 …………………………… **186**

Subプロシージャの引数を利用してコードをまとめる 189
Subプロシージャの実行に関するルールのおさらい 191
COLUMN なぜVariant型にするの? 192

7-7 戻り値が必要ならFunctionプロシージャの出番 192
Functionプロシージャの使い方 192
サンプルの紹介（sample3.xlsm） 195
サンプルをFunctionプロシージャでまとめる 198

7-8 長いコードは機能別に小分けにしよう 203
長いコードは分割して見やすくすべし 203
サンプルの紹介（sample4.xlsm） 204
機能ごとにSubプロシージャにまとめる 209
値の受け渡しにモジュールレベル変数も活用 211

7-9 変数を利用して賢くコードを分割しよう 212
フクザツなコードを変数で分割する 212
サンプルの紹介（sample5.xlsm） 213
入れ子になったコードを分割して解消する 216
長くて複雑なコードも分割してスッキリ 217
COLUMN CurrentRegionとOffsetとResizeについて 220

第8章 変化やトラブルにもっと強いコードにする 221

8-1 表のデータの増減に自動対応可能にしよう 222
自動対応でもっと良いコードに！ 222
表のデータが増減したら、どう対応する? 223
Endプロパティで表の末尾のセルを取得 224
表の末尾セルの行番号を数値として取得 226

表の増減に自動対応できるようサンプルを書き換えよう ···················· 228

COLUMN 表の下端セル、上から取得するか下から取得するか···················· 230

8-2 表の移動に自動対応可能にしよう ································ 231

表が移動しても対応できるコードにするには ················ 231

「名前の定義」機能のキホンを身につけよう ················ 232

セルに定義した名前をVBAで利用する ···················· 235

定義した名前をあとから変更する方法 ···················· 237

Cellsを使いセルを相対的に指定する ···················· 238

名前を定義したセルを基準に相対的に指定する···················· 240

セルの行を相対的に指定するように書き換えるには···················· 243

行を相対的に指定するその他の方法 ···················· 248

8-3 コードを整理してスッキリさせよう ································ 250

Withステートメントでまとめよう ···················· 250

「名前の定義」で隠れていた重複箇所を整理する ···················· 252

8-4 予期しづらいトラブルの受け皿を用意しておく ················ 254

予期できるトラブルと予期しづらいトラブル ···················· 254

予期しづらいトラブルの例 ···················· 255

On Errorステートメントによる"受け皿" ···················· 257

サンプルにエラー処理を組み込もう ···················· 259

可能な限り予期してエラー処理を設ける···················· 262

索引 ···················· 265

第 **1** 章

良いVBAのコードとは

第1章　良いVBAのコードとは

1-1

そのVBAのコード、半年後の自分が理解できますか?

意図どおり動くコード、の次に目指すこと

　Excelの「マクロ」は、さまざまな操作や処理を自動化できる機能です。今まで手作業によって膨大な手間と時間をかけていた作業も、マクロで自動化すれば、手間と時間はほぼゼロと言ってもよいほど劇的に減らせます。その上、手作業だとどうしてもミスを犯しがちですが、マクロで自動化すれば、ミスを防ぐことができます。このようにマクロを用いれば、Excelを用いた仕事の効率と精度を飛躍的に向上できるのです。

　マクロの正体は、「VBA (Visual Basic for Applications)」というプログラミング言語で記述されたプログラムです。その作り方は「マクロの記録」機能を利用する方法と、自分でVBAのプログラムのコードを記述する方法の2通りがあります。マクロの記録を利用すると、VBAのコードをExcelが自動で生成してくれますが、単純な機能のマクロしか作れません。仕事で役に立つようなマクロには複雑な機能が求められるものであり、作成するには、自分でコードを記述してプログラミングする必要があります。

　VBAのコードを記述してマクロを作成する際、まず求められるのが、意図どおりに動作するプログラムを作ることです。"意図どおりに動作する"とは、言い換えると、"実行したら期待したとおりの動作結果が得られる"です。自分自身にせよ他人にせよ、マクロを使うユーザーの意図どおりに動作するプログラムを作ることが必須となります。

　"意図どおりに動作する"の次に求められるのが"良いコード"であることです。非常に重要なことなのですが、いったいどういうことでしょう?

どこでなにをやっているかがわかりやすいか?

　仕事で使うVBAのプログラムは、"一度作ったら終わり"というケースは

14

非常にまれです。マクロのユーザーのニーズや状況などは常に変化するものです。その変化にプログラムを対応させるべく、必要に応じてコードを追加・変更・削除することが求められます。

たとえば、売上の表のデータから請求書を自動で作成するマクロがあるとします。もし、作成した請求書のバックアップとして、別ブックに自動でコピーする機能を追加したいとなったら、その機能に相当する処理のコードを、既存のコード内に追加する必要が生じます。

また、もし売上の表の場所が移動されたら、コードの該当箇所を書き換えて変更しなければなりません。ある機能が不要になれば、該当するコードを削除すべきです。ほかにも、さまざまなパターンの変化が考えられ、それぞれ対応させるために、必要に応じてコードを追加・変更・削除していくことが随時求められます。

そういった変化に素早く確実に対応するには、そのマクロのプログラムを"良いコード"として作成し、保つ必要があります。良いコードであればあるほど、必要なコードの追加・変更・削除がより少ない時間と手間で、かつ、ミスなく行うことができるのです。

> "良いコード"なら、必要なコードの追加・変更・削除が素早く正確にできる

▶ 図1-1　良いコードとは

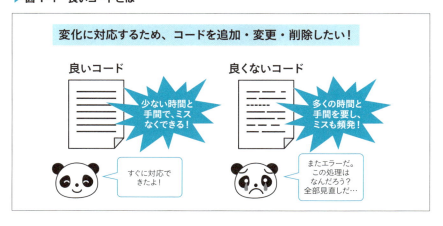

第 1 章　良い VBA のコードとは

半年後の自分は他人

　コードを書いた本人ですら、半年ほど時間が経つと、処理の流れがどうなっているのかなど、コードの中身がよくわからなくなってしまうものです。プログラミングの世界では、"半年後の自分は他人"は当たり前なのです。ましてや、他人が書いたコードを引き継いだのなら、それに輪をかけてわからないでしょう。

　すると、コードを変更しようにも、どこをどう追加・変更・削除すればよいのか、よくわからなくなってしまいます。よくわからないがゆえに、変更への対応に多くの手間も時間も要してしまうでしょう。しかも、変更してはいけない箇所を変更してしまうなど、ミスも犯しがちです。最悪のケースだと、コードがぐちゃぐちゃになってしまい、今まで動いていたプログラムが動かなくなる、という目も当てられない状況に陥ることもしばしばあります。

　"良いコード"が書けていれば、コードのどこをどう追加・変更・削除すればよいのか、より短時間で把握できるので、最小限の手間と時間で効率よく編集できます。加えて、ミスも減らせるので、先述のような恐れも最小化できます。そのため、変化に素早く確実に対応できるのです。

1-2

"良いコード"とはなんだろう？

良いコードであるための 2 つの条件

　前節で述べたような、必要なコードの追加・変更・削除が素早く正確にできる"良いコード"とはいったいどのようなコードなのか、もう少し詳しく見ていきましょう。

　良いコードとは、少なくとも以下の 2 つの条件を満たしているコードであると筆者は考えています。

- **理解しやすい**
- **整理されている**

　「理解しやすい」は文字どおり、プログラムの構造や処理の流れ、各種データの扱い方などが、コードを読めば短時間で理解できるという条件です。そのようなコードであれば、前節で述べた変化に対応する際、コードのどこをどう追加・変更・削除すればよいかがすぐにわかります。それゆえ、より少ない時間と手間で変化に対応でき、なおかつ、ミスの恐れも最小化できるでしょう。書いた本人はもちろん、他人にとっても理解しやすいコードが理想です。

　「整理されている」も良いコードには欠かせません。たとえ、変化に対応させるために、コードのどこをどう追加・変更・削除すればよいかすぐにわかったとしても、該当する箇所がたくさんあると、そのぶん時間と手間がかかってしまいます。しかも、ミスの恐れも高まるでしょう。そこで、追加・変更・削除すべき箇所が必要最小限となるよう、コードがあらかじめ整理されていると、手間も時間もミスの恐れも大幅に抑えられます。この「整理されている」の基本的な考え方は、「コードの重複がない」ことです。

　また、この2つの条件は密接に関係しています。理解しやすいコードは整理されており、整理されているプログラムは理解しやすいとも言えます。

　両方を満たす良いコードとは、具体的にはどのようなコードなのか、どうやって書けばよいのかなど、次章以降で実例を交えつつ、順を追って詳しく解説していきます。

最初から良いコードを書くのは難しい

　マクロをVBAのプログラミングで作成するなら、「理解しやすい」と「整理されている」の両者を満たした良いコードを書きたいものです。

　その際、最初から良いコードを書くことができればベストです。ただ、それは経験の浅い初心者にはかなりハードルが高い作業になります。特に「整理されている」ことについては、初心者が最初から整理されたコードを書こうとすると、頭の中が混乱してしまい、そもそも意図どおりに動作するコー

第 1 章　良い VBA のコードとは

ドすら書けなくなる恐れが高まります。

　そこで、初心者のうちは、次のようなアプローチでコードを書くとよいでしょう。まずは第 1 段階として、意図どおりに動作するコードを書きます。たとえ良くないコードでも、とにかく期待どおりの実行結果が得られるコードを書くことに専念し、機能としていったん完成させるのです。

　次に第 2 段階として、機能はそのままに、「理解しやすい」と「整理されている」を満たすかたちにコードを書き換えていきます。プログラムとして得られる処理結果は同じまま、記述されているコードはより理解しやすく、より整理されたものになるよう、手を加えてブラッシュアップしていくのです。

　このような 2 つの段階を踏んで良いコードを書くアプローチは、確かに回り道であり、二度手間かもしれません。しかし、初心者にとっては、いきなり良いコードを書くアプローチよりも、大幅に無理なく進められるので、筆者はオススメします。もちろん、ある程度経験を積むなどして初心者を卒業できている方なら、最初から良いコードを書いてもまったく問題ありません。

　なお、このように機能はそのままコードをブラッシュアップする行為は専門用語で「リファクタリング」と呼ばれます。

COLUMN

良いコードであるためのほかの条件

　良いコードの条件に「動作が速い」もあります。この条件は文字どおり処理速度になります。遅いマクロは仕事で使い物にならないのは言うまでもありません。良くないコードだと、不要な処理を行っているなど、処理速度を低下させている箇所に気づけずに、動作が遅くなってしまうことも多々あります。

　動作が速いコードの書き方も重要ですが、技術的に少々難易度が高いことと、最近はパソコンの性能が向上し、さほど速度差が気にならなくなってきていることもあり、本書では解説を割愛させていただきます。詳しく知りたい方は、ほかの書籍や Web サイトなどをご覧ください。

1-3 本書の読み進め方

サンプルを"良いコード"にしていこう

　本書では、あるサンプルのマクロのコードを良いコードになるよう順に書き換えていく、という方法で学んでいきます。そのサンプルのコードは最初の状態では、意図どおりに動作するものの、"良くないコード"であるとします。その状態から、機能自体は一切変えずに、良いコードとなるよう書き換えていきます。言い換えると、「リファクタリング」を行うことになります。

　そのように、良くないコードから良いコードへと書き換えていく作業を実際に体験することで、良いコードは具体的どのようなコードであり、どのように書けばよいかを身につけていただきます。

サンプルの機能の紹介

　本書では計5つのサンプルを用います。1つ目が「sample1.xlsm」です。7章の途中（7-3節）までは、このsample1.xlsmを学習に用います。7-4節以降は別のサンプルを用いますが、それはまた7章であらためて紹介します。

　では、本書のサポートページからサンプルファイルをダウンロードしていただき、その中に含まれるsample1.xlsmを開いてください。開いた際に、リボンの下にセキュリティの警告が表示されたら、[コンテンツの有効化]をクリックして、マクロを有効化してください。

- **本書のサポートページ**
  https://gihyo.jp/book/2019/978-4-297-10871-7/support

　このサンプルの機能は大まかに言えば、「売上データから請求書を自動で作成する」です。具体的なワークシートの構成、および使い方と機能（処理内容）は図1-2のとおりです。

第1章　良いVBAのコードとは

▶ 図1-2　sample1.xlsmの使い方と機能

売上データ（転記元のワークシート）

ワークシート「売上」

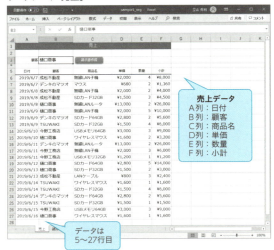

請求書（転記先のワークシート）

ワークシート「請求書」

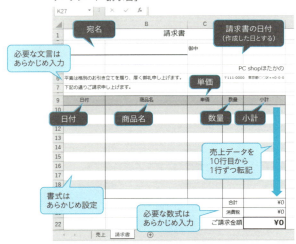

1-3 本書の読み進め方

第1章　良いVBAのコードとは

サンプルのコード

　このサンプルのコードは以下です。Subプロシージャは「macro」が1つだけです。標準モジュールのModule1に記述しています。

▶ リスト　**sample1.xlsmのコード**

```
1   Sub macro()
2   Worksheets("請求書").Range("A3").Value = Worksheets("売上").Range("B3").Value
3   Worksheets("請求書").Range("E3").Value = Date
4   Worksheets("請求書").Range("A10:F19").ClearContents
5   a = 10
6   For b = 6 To 27
7   If Worksheets("売上").Cells(b, 2).Value = Worksheets("売上").Range("B3").Value Then
8   Worksheets("請求書").Cells(a, 1).Value = Worksheets("売上").Cells(b, 1).Value
9   Worksheets("請求書").Cells(a, 2).Value = Worksheets("売上").Cells(b, 3).Value
10  Worksheets("請求書").Cells(a, 3).Value = Worksheets("売上").Cells(b, 4).Value
11  Worksheets("請求書").Cells(a, 4).Value = Worksheets("売上").Cells(b, 5).Value
12  Worksheets("請求書").Cells(a, 5).Value = Worksheets("売上").Cells(b, 6).Value
13  a = a + 1
14  End If
15  Next
16  Worksheets("請求書").Activate
17  End Sub
```

　このSubプロシージャ「macro」は、ワークシート「売上」の上に配置してある[請求書作成]ボタンにマクロとして登録してあります。そのため、同ボタンをクリックすれば実行されます。この[請求書作成]ボタンは、図形の「角丸四角形」で作成しています。マクロの登録は、図形を右クリック→[マクロの登録]から行います。

　繰り返しになりますが、このコードは意図どおりに動作するものの、良くないコードです。どこがどう良くないのか、どう書き換えれば良いコードになるのかは、2章以降で順に解説していきます。

22

1-3 本書の読み進め方

プログラムの中身をザッと把握しよう

続けて、Subプロシージャ「macro」の中身も解説します。見た目を整える前なので非常にわかりづらいかと思いますが、プログラム自体の構造や処理の流れなどがわかっていないと、書き換えも適切に行えませんので、ここで解説しておきます。コードの細かいところまで理解する必要はなく、全体像が把握さえできれば構いません。

Subプロシージャ「macro」の処理は大まかに分けて、以下のような構成になっています。

- ・ 2 ～ 3 行目　　：宛名と日付の作成
- ・ 4 ～ 15 行目　：売上データの抽出・転記
- ・ 16 行目　　　：作成した請求書のワークシートを表示

コード 2 ～ 3 行目

コード2行目では、ワークシート「売上」のB3セルに入力された顧客のデータ（値）を、ワークシート「請求書」のA3セルに転記しています。ここでいう「転記」とは、いわゆる値のコピーと同義とします。

コード3行目は、ワークシート「請求書」のE3セルに、請求書の日付を入力する処理です。VBA関数のDate関数で取得した現在の日付を自動で入力しています。セルに日付を自動で入力したいとなると、ワークシート関数のTODAY関数を思い浮かべる人も多いことでしょう。コード3行目ではTODAY関数ではなく、なぜDate関数を使っているかというと、請求書を作成した日付を保ちたいからです。本サンプルは図1-2でも示したように、請求書を作成した日をE3セルに入力したいのでした。

Date関数を使うと、プログラムを実行した日（つまり、請求書を作成した日）の日付データ（シリアル値）を入力できます。日付データそのものなので、翌日以降もその日付は維持されます。一方、TODAY関数はブックを開いた当日の日付を随時取得します。そのため、請求書を作成した日の翌日以降にブックを開いた際、日付が開いた日のものになり、作成した日からずれてしまいます。このような理由から、Date関数を使っているのです。

23

第 1 章　良いVBAのコードとは

コード 4 ～ 15 行目

　コード 4 ～ 15 行目は、売上データの抽出・転記を行っています。

　まずはコード 4 行目にて、ワークシート「請求書」の表のデータ部分（A10 ～ F19 セル）を ClearContents メソッドで削除しています。この処理は、請求書を 2 回目以降作成する際、前回のデータが残ってしまう事態を防ぐために必要です。たとえば、前回 5 件の売上データを転記し、今回転記するデータが 3 件とします。前回は 5 件なので、請求書の表の 10 ～ 14 行目に転記されます。今回は 3 件なので、10 ～ 12 行目にしか転記されず、13 ～ 14 行目には前回転記したデータが残ってしまいます。このような事態を避けるため、ClearContents メソッドで削除しています。

　次のコード 5 行目「a = 10」は、この後のコード 6 行目以降とあわせて解説します。

　コード 6 ～ 15 行目の For...Next ステートメントが、実際に売上データの抽出・転記処理を行っています。処理手順は以下です。

- ①ワークシート「売上」のB6 セルの顧客を見て、B3 セルに入力された顧客と同じか調べて抽出する
- ②もし同じなら、その行の列「日付」と「商品名」「単価」「数量」「小計」の値をワークシート「請求書」の表に転記
- ③ワークシート「売上」のB6 セル以降の顧客について、①と②の処理を最後の売上データ（27 行目）まで繰り返す

　①の抽出は、コード 8 行目の If ステートメントによる分岐で行っています。指定した顧客なら、If ステートメントの中に入り、コード 9 ～ 13 行目にて転記を行います。転記はセルの値（Cells で取得したセルのオブジェクトの Value プロパティ）の代入で行っています。

　ポイントは転記元セルおよび転記先セルの行の扱いです。転記元セルはワークシート「売上」のセルであり、コード 9 ～ 13 行目では代入の「=」の右辺に記述しています。売上データの転記元セルの行として Cells の第 1 引数には変数「b」を指定しています。この変数 b は行番号の数値を格納して使う変数になります。

24

同時に変数bはFor...Nextステートメントのカウンタ変数であり、初期値の6から27まで繰り返しのたびに1ずつ増えていきます。さらにコード8行目のIfステートメントの条件式の左辺でも用いています。このように変数bを指定することで、ワークシート「売上」の6行目から27行目までセルを行方向に順に処理していきます。

売上データの転記先のセルはワークシート「請求書」のセルであり、コード9〜13行目では代入の「＝」の左辺に記述しています。転記先の行として、Cellsの第1引数には変数「a」を指定しています。転記先の行の行番号(以下、「転記先行番号」と表記します)の数値を格納して使う変数になります。

この変数aの値の増減は、最初にコード5行目にて10を代入しています。ワークシート「請求書」の転記先となる表は10行目から始まっているので、変数a最初に10を代入しているのです。そして、指定した顧客のデータを1件転記したら、コード14行目の「a ＝ a ＋ 1」によって、変数aの値を1増やすことで、転記先の行を1つ進めています。

この売上データの抽出・転記の処理手順はコードを読み、上記の文章の解説を読むだけだとなかなか理解しづらいので、図1-3も参考にしてください。

第 1 章　良いVBAのコードとは

▶ 図1-3　売上データの抽出・転記の処理手順

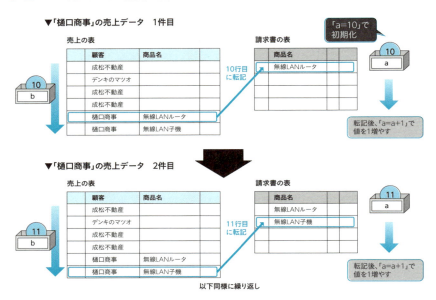

1-3 本書の読み進め方

　なお、本書サンプルのような単純なデータ抽出の処理には通常、フィルター機能のAutoFilterメソッドを用いるケースも多いのですが、今回は上記のように分岐と繰り返しの組み合わせを用いるとします。また、売上データの転記もコピー機能のCopyメソッド、貼り付け機能のPasteメソッドなどを使うケースも多いのですが、今回はセルのオブジェクトのValueプロパティの代入で行うとします。

コード16行目

　16行目の「Worksheets("請求書").Activate」では、Activateメソッドによって、ワークシート「請求書」を手前に表示しています。この処理はなくてもよいのですが、「請求書を作成したら、すぐに見てチェックしたくなるよね」という考えのもとに設けました。

第 1 章　良い VBA のコードとは

> **COLUMN**
>
> ## 「マクロの記録」で生成されたコードも整えよう
>
> 　本章冒頭でも述べたように、「マクロの記録」機能を使うと、VBA のコードが自動で生成されます。複雑な機能は作れませんが、単純な機能のマクロなら「マクロの記録」で作成しても構いません。記録したマクロを VBE で開くと、以下のようなコードが生成されたことがわかります。
>
>
>
> 　この「マクロの記録」で生成されたコードは残念ながら、良いコードの条件である「理解しやすい」も「整理されている」もあまり満たしていません。もし、「マクロの記録」で生成されたコードに対して、あとで機能を追加・変更することが予想されるのであれば、それを見越してコードを整理しておくとよいでしょう。
>
> 　本書の内容は「マクロの記録」で生成されたコードにも適用できる普遍的な内容です。「マクロの記録」のコードのどこがどう「理解しやすい」や「整理されている」点を欠いているのか、どう直せばよいのかは、次章以降で解説する内容を参考にしてください。

第2章

見た目にこだわる

第 2 章　見た目にこだわる

2-1

理解しやすいコードは見た目も美しい

見た目を整える 3 つの基本的な方法

　1 章の 1-2 節では、良いコードであるための条件の 1 つ目として、「理解しやすい」を挙げました。コードを理解しやすくするための条件はいくつかありますが、まずは何といっても、見た目の美しさです。見た目がキレイに整ったコードなら読みやすく、理解も進むものです。逆に見た目が汚いコードだと、理解する以前に、パッと見ただけで読む気をそがれてしまうでしょう。

　その点、1-3 節で提示したサンプル「sample1.xlsm」のコードは、お世辞にも見た目が美しいコードとは言えません。そもそも文字がダラダラと詰まっていてメリハリがなく、読む気をそがれるコードです。文章でいうなら、句読点も改行もないのと同じです。

　コードの見た目を美しくする具体的な方法は、以下の 3 つがキホンです。これらによってコードの見た目がキレイに整えることで、より読みやすく理解しやすくなります。

・ インデント（字下げ）する（2-2 節で解説）
・ 空行を挿入する（2-3 節で解説）
・ 長いコードは途中で改行する（2-4 節で解説）

▶ 図2-1 コードの見た目を整える3つの方法

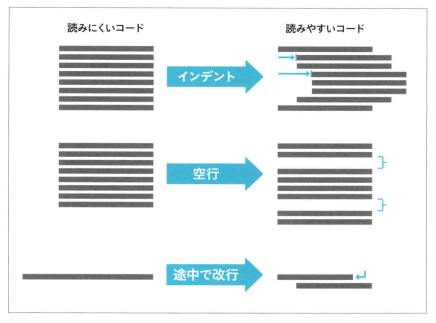

　それぞれ具体的にどのような方法なのか、どのように見た目がキレイになるのか、見ていきましょう。

2-2 コードのまとまりをインデントしよう

インデントを行う基準

　「インデント」とは、日本語なら「字下げ」です。コードの開始位置をほかの行のコードよりも下げる（右方向にずらす）ことを意味します。プログラミング以外の分野でも、文書を見やすくするなどの手段として、広く利用さ

第 2 章　見た目にこだわる

れています。

　VBAでは通常、インデントは[Tab]キーで行います。[Tab]キーを押すと、半角スペース4つ分のインデントが入力されます。[Tab]キーを使わず、スペースキーを4回押してもよいのですが、[Tab]キーでインデントするのが効率的です。

　VBAでは文法上、インデントはプログラムの処理には一切影響しません。実行時には無視されます。そのため、インデントをいくら行っても、処理結果は一切変わりません。しかし、インデントをまったく行わないと、1-3節で提示したsample1.xlsmのコードのように、非常に見づらいコードとなってしまいます。

　インデントはやみくもに行っても、コードの見た目をキレイに整えることはできません。一般的には、以下を基準にして行います。

- プロシージャの中のコード
- Ifステートメントなど分岐の中のコード
- For...Nextステートメントなど繰り返しの中のコード

　ここでいう"中のコード"とは、プロシージャならプロシージャの本体の処理です。SubプロシージャだとSubプロシージャ名」と「End Sub」の間に記述するコードです。

　分岐なら分岐後の処理です。Ifステートメントだと「If 条件式 Then」と「End If」の間に記述するコードです。ElseやElseIfを使うなら、それら以下のコードもインデントします。

　繰り返しなら、繰り返す処理です。For...Nextステートメントだと「For 変数 = 初期値 To 最終値」と「Next」の間に記述するコードです。

　このようなコードのまとまりを、専門用語で「ブロック」と呼びます。これら上記3つの基準に沿って、インデントを1つ入れます。

　加えて、インデントは"入れ子"で入れることも有効です。たとえば、プロシージャの中にIfステートメントやFor...Nextステートメントがあれば、それらのステートメントの部分全体をもう1段階インデントします。また、たとえば、For...Nextステートメントの中にIfステートメントがあれば、If

32

ステートメントの部分をさらにインデントします。
　このように入れ子の数だけインデントを増減することで、どのコードがどの入れ子の処理なのかも、視覚的に理解しやすくなります。

▶ 図2-2　インデントの入れ方

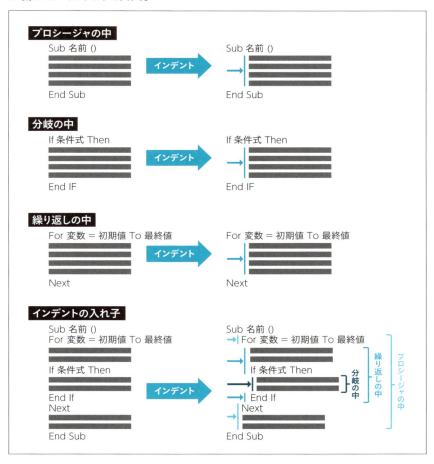

サンプルのインデントを整えよう

それでは、実際にサンプル「sample1.xlsm」のコードの見た目をインデントによって整えてみましょう。まずはSubプロシージャ「macro」の中のコードを丸ごとインデントします。

該当するコードを1行ずつインデントしてもよいのですが、VBE（Visual Basic Editor）では複数行まとめてインデントできます。まずは、インデントしたいコードをドラッグして選択します。

次に Tab キーを押すと、選択したコードがまとめてインデントされます。

なお、インデントを戻すには、コードの冒頭の位置にカーソルを合わせ、BackSpace キーを押します。すると、4つの半角スペースがまとめて削除され、インデントが戻ります。複数行のコードのインデントを戻すには、該当するコードを選択した状態で、 Shift キーを押しながら Tab キーを押します。

次に、Subプロシージャの中もさらにインデントしましょう。コードを上から順に見ていくと、6行目にFor...Nextステートメントがあります。よって、中のコードをインデントしましょう。先ほどと同様の手順にて、複数行のコードをまとめてインデントしてください。

2-2 コードのまとまりをインデントしよう

▶ リスト　さらにFor...Nextステートメントをインデント

```
Sub macro()
    Worksheets("請求書").Range("A3").Value = Worksheets("売上").Range("B3").Value
    Worksheets("請求書").Range("E3").Value = Date
    Worksheets("請求書").Range("A10:F19").ClearContents
    a = 10
    For b = 6 To 27
        If Worksheets("売上").Cells(b, 2).Value = Worksheets("売上").Range("B3").Value Then
        Worksheets("請求書").Cells(a, 1).Value = Worksheets("売上").Cells(b, 1).Value
        Worksheets("請求書").Cells(a, 2).Value = Worksheets("売上").Cells(b, 3).Value
        Worksheets("請求書").Cells(a, 3).Value = Worksheets("売上").Cells(b, 4).Value
        Worksheets("請求書").Cells(a, 4).Value = Worksheets("売上").Cells(b, 5).Value
        Worksheets("請求書").Cells(a, 5).Value = Worksheets("売上").Cells(b, 6).Value
        a = a + 1
        End If
    Next
    Worksheets("請求書").Activate
End Sub
```

For...Nextステートメントの中のコードはIfステートメントになるので、Ifステートメントを丸ごとインデントしたことになります。

続けて、Ifステートメントの中のコードもインデントしましょう。

▶ リスト　さらにIfステートメントをインデント

```
Sub macro()
    Worksheets("請求書").Range("A3").Value = Worksheets("売上").Range("B3").Value
    Worksheets("請求書").Range("E3").Value = Date
    Worksheets("請求書").Range("A10:F19").ClearContents
    a = 10
    For b = 6 To 27
        If Worksheets("売上").Cells(b, 2).Value = Worksheets("売上").Range("B3").Value Then
            Worksheets("請求書").Cells(a, 1).Value = Worksheets("売上").Cells(b, 1).Value
            Worksheets("請求書").Cells(a, 2).Value = Worksheets("売上").Cells(b, 3).Value
            Worksheets("請求書").Cells(a, 3).Value = Worksheets("売上").Cells(b, 4).Value
            Worksheets("請求書").Cells(a, 4).Value = Worksheets("売上").Cells(b, 5).Value
            Worksheets("請求書").Cells(a, 5).Value = Worksheets("売上").Cells(b, 6).Value
            a = a + 1
        End If
```

第2章　見た目にこだわる

```
        Next
        Worksheets("請求書").Activate
End Sub
```

　これで、sample1.xlsmのコードに、先ほどの3つの基準でインデントを入れ終わりました。インデントがまったくない状態に比べて、プロシージャや分岐、繰り返しの中のコードが一目で判別できるようになり、コード全体が見やすくなったことが実感できたかと思います。

　なお、今回はインデントがまったくない状態のコードに、あとからインデントを加えていきましたが、読者の皆さんがコードを記述する際は、最初からインデントを入れていくことをオススメします。そのほうが最初からよりコードが見やすくなり、記述間違えなどのミスも減るでしょう。

　その際、VBEに搭載されている「自動インデント」機能が適用されることになります。同機能は、一度インデントを行えば、以降のコードは改行すると、次の行は自動でインデントが行われ、インデントされた位置から入力できるようになります。プロシージャなどの"中のコード"を続けて記述する際に便利な機能です。

忘れずに動作確認しよう

　インデントを入れただけとはいえ、コードを書き換えました。そこで、書き換えた後のコードも書き換える前と同じくちゃんと動くかどうか、一度実行して動作させて確認しましょう。1-3節(P.19)で紹介している手順に従って実行し、意図どおりの結果が正しく得られるか確かめてください。

　動作確認できたら、次の動作確認に備えて、ワークシート「請求書」を元の状態に戻しておきましょう。宛名のA3セル、日付のE3セル、および抽出・転記された売上データのA10～F19セルを Delete キーなどで削除してください。

36

2-2 コードのまとまりをインデントしよう

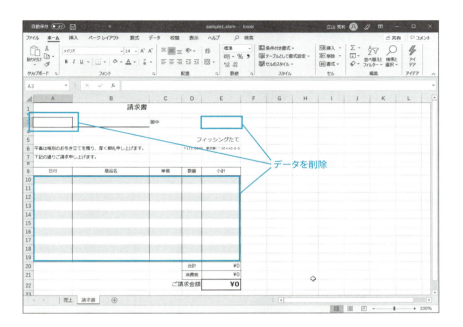

　動作確認した際、もしエラーが発生したり、意図どおりの結果が得られなかったりするなど、うまく動かなくなってしまったら、書き換えが適切に行われなかったことになります。本書の解説を読み返しつつ、コードのどの部分が誤って書き換えてしまったのか探し、修正してください。必ずちゃんと修正してから、次節へと進んでください。

　もし、未修正のまま次節へ進み、次節の解説に従ってコードを書き換えようとすると、誤りが残った状態で書き換えることになり、当然、うまく動きません。そうなった場合、何ヵ所も書き換えた後に誤りの箇所を探すはめとなり、非常に大変な作業となってしまいます。そうならないよう、誤りはその場で忘れずに修正しましょう。

　本書では次節以降も、良いコードにするために書き換えていきます。そのたびに動作確認は忘れずに行ってください。

インデントの入れすぎに注意！

　インデントで注意していただきたいのが、入れすぎないことです。プロシージャや分岐、繰り返しの中のコードに入れるインデントは、必ず1つ（Tabキーを1回押した分。半角スペース4つ）だけにしましょう。2つ以上入れてしまうと、かえって見づらくなってしまいます。

　入れ子になっているコードでも同様に、インデントは入れ子の数の分だけにとどめるようにしましょう。

COLUMN

インデントに関する設定を変更する

　タブの間隔は標準では半角スペース4つですが、変更することも可能です。VBEのメニューバーの［ツール］→［オプション］をクリックして「オプション」画面を開き、［編集］タブの「タブ間隔」のボックス内の数値を「4」から好きな数値に変更して［OK］をクリックします。

　また、［編集］タブの［自動インデント］のチェックを外せば、自動インデントを解除することもできます。

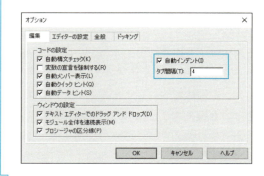

2-3

まとまりごとに空行を入れよう

空行ひとつで見やすさアップ

インデントに続くコードの見た目を美しく整える方法が、空行を入れることです。空行はインデントや半角スペースと同じく、プログラムの実行時には無視されるので、自由に入れることができます。この空行をうまく活用して見た目を整え、コードをより読みやすく理解しやすくします。

空行はどこに入れればよいのでしょうか？　一言で表すなら、処理の"まとまりごと"に入れます。言い換えるなら、処理の区切りのよいところです。各々の命令文が何行も途切れなく記述されているコードよりも、空行が適宜挿入されて区切られており、まとまりがすぐにわかるコードのほうがメリハリもあって読みやすいのは、想像に難くないでしょう。

何をもって"区切り"とするかについて厳格な基準はありません。個人の好みでも構わないのですが、筆書は以下の基準をオススメします。

- 関連する一連の処理の前後
- IfやFor...Nextなど、ステートメントの前後

1つ目の基準の「関連する一連の処理」とは、同じ対象や似たような種類の処理を行うなどの複数のコードであり、それらをまとまりと見なします。本書のサンプルなら、売上データを抽出・転記する処理の一連のコードです（具体例はこの後すぐに解説します）。

2つ目の基準は文字どおりです。ステートメントのほどんどは複数行のコードで構成されるものであり、そのステートメントのコードとほかのコードを明確に区別するために、空行を入れます。

もっとも、上記の基準はあくでも筆者のオススメです。必ず空行を入れなくてはならない、という箇所はありません。要はコード全体が見やすくなる

第2章　見た目にこだわる

よう、ケース・バイ・ケースで適宜入れます。入れなくてもよいかどうかは主にインデントと関係します。インデントが区切りとなれば、空行を入れる必要がなくなる場合もあります。そのあたりのさじ加減も含め、実際に本書サンプルsample1.xlsmのコードを用いて、空行をどう入れればよいか見ていきましょう。

サンプルに空行を入れてみよう

sample1.xlsmのSubプロシージャ「macro」のプログラムは、1-3節の後半（P.21）で解説したような構成と処理の流れになっています。このコードを1つ目の基準「関連する一連の処理の前後」によって、まとまりとして区切るなら以下がよいでしょう。

- 2〜3行目　　：請求書の上部1/3の作成（宛名の転記と日付の入力）
- 4〜15行目　：売上データの抽出・転記
- 16行目　　　：作成した請求書のワークシートを表示する

さらに2つ目の基準「IfやFor...Nextなど、ステートメントの前後」なら、4〜15行目の中にIfステートメントとFor...Nextステートメントがあるので、そこでもまとまりとして区切ることができそうです。

それでは、実際にsample1.xlsmのコードに空行を入れてみましょう。

▶ リスト　空行を入れる前

```
Sub macro()
    Worksheets("請求書").Range("A3").Value = Worksheets("売上").Range("B3").Value
    Worksheets("請求書").Range("E3").Value = Date
    Worksheets("請求書").Range("A10:F19").ClearContents
    a = 10
    For b = 6 To 27
        If Worksheets("売上").Cells(b, 2).Value = Worksheets("売上").Range("B3").Value Then
            Worksheets("請求書").Cells(a, 1).Value = Worksheets("売上").Cells(b, 1).Value
            Worksheets("請求書").Cells(a, 2).Value = Worksheets("売上").Cells(b, 3).Value
            Worksheets("請求書").Cells(a, 3).Value = Worksheets("売上").Cells(b, 4).Value
            Worksheets("請求書").Cells(a, 4).Value = Worksheets("売上").Cells(b, 5).Value
```

2-3 まとまりごとに空行を入れよう

```
            Worksheets("請求書").Cells(a, 5).Value = Worksheets("売上").Cells(b, 6).Value
            a = a + 1
        End If
    Next
    Worksheets("請求書").Activate
End Sub
```

▶ **リスト　空行を入れた後**

```
Sub macro()  ←
    Worksheets("請求書").Range("A3").Value = Worksheets("売上").Range("B3").Value
    Worksheets("請求書").Range("E3").Value = Date

    Worksheets("請求書").Range("A10:F19").ClearContents
    a = 10

    For b = 6 To 27  ←
    If Worksheets("売上").Cells(b, 2).Value = Worksheets("売上").Range("B3").Value Then
            Worksheets("請求書").Cells(a, 1).Value = Worksheets("売上").Cells(b, 1).Value
            Worksheets("請求書").Cells(a, 2).Value = Worksheets("売上").Cells(b, 3).Value
            Worksheets("請求書").Cells(a, 3).Value = Worksheets("売上").Cells(b, 4).Value
            Worksheets("請求書").Cells(a, 4).Value = Worksheets("売上").Cells(b, 5).Value
            Worksheets("請求書").Cells(a, 5).Value = Worksheets("売上").Cells(b, 6).Value
            a = a + 1
        End If  ←
    Next

    Worksheets("請求書").Activate  ←
End Sub
```

　基準に合致しているものの、空行を入れていない箇所が計4つあります
（←）。

　まずは請求書の上部1/3を作成する処理の前です。具体的には、プロシー
ジャの中身の最初のコード「Worksheets("請求書").Range("A3").Value =
Worksheets("売上").Range("B3").Value」の前です。この部分は空行を入
れなくても、プロシージャの中身の始まりということでインデントがなされ

41

第2章　見た目にこだわる

ており、区切りとなっているため、わざわざ空行を入れなくてもよいでしょう。

　同様に、プロシージャの中身の最後のコード「Worksheets("請求書").Activate」の後も、インデントによって区切りとなっているので、空行を入れなくてもよいでしょう。

　また、For...Nextステートメントの中身は、すぐにIfステートメントが始まっており、インデントされています。この部分もインデントによって区切りとなっているので、空行を入れていません。Ifステートメントの最後の「End If」の後も同様です。

　このように、インデントが区切りの役割を果たしている箇所なら、無理に空行を入れなくても、まとまりとして見やすくなっています。むしろ空行を入れることで、かえってコード全体が間延びして見づらくなってしまうかもしれません。無理して空行を入れずに、見やすさを優先して、入れるか入れないかを適宜判断してください。

　空行を追加し終えたら動作確認を行い、ちゃんと動くかどうか確かめましょう。

転記の処理のまとまりをさらに際立たせる

　さて、ここでIfステートメントの中のコードに着目してください。この部分では、「a ＝ a ＋ 1」の前に空行を入れるのも手です。

　Ifステートメントの中では、まずは売上データを転記する処理のコードが5行分あります。指定した顧客の売上データをワークシート「売上」からワークシート「請求書」へ転記するため、セルの値（Cellsで取得したセルのオブジェクトのValueプロパティ）を代入するコードです。そのような処理のコードが列「日付」から「小計」までで、列「顧客」を除いた5つ分並んでいます。そのあとに、転記先の行を1つ進めるため、変数aの値を1増やすコード「a ＝ a ＋ 1」があります。

　つまり、コードのまとまりとしては、売上データを転記している5行のコードと、転記先の行を進める1行のコードに分けることができます。また、もし今後、転記する以外の処理が「a ＝ a ＋ 1」以外に増えたら、空行を入れ

ておいたほうがよりまとまりが明確になり、コードが読みやすくなるでしょう。よって今回は「a ＝ a ＋ 1」の前に空行を入れるとします。お手元を以下のように空行を入れてください。

▶ **リスト 「a ＝ a ＋ 1」の前に空行を入れたコード**

```
                :
If Worksheets("売上").Cells(b, 2).Value = Worksheets("売上").Range("B3").Value Then
        Worksheets("請求書").Cells(a, 1).Value = Worksheets("売上").Cells(b, 1).Value
        Worksheets("請求書").Cells(a, 2).Value = Worksheets("売上").Cells(b, 3).Value
        Worksheets("請求書").Cells(a, 3).Value = Worksheets("売上").Cells(b, 4).Value
        Worksheets("請求書").Cells(a, 4).Value = Worksheets("売上").Cells(b, 5).Value
        Worksheets("請求書").Cells(a, 5).Value = Worksheets("売上").Cells(b, 6).Value
        空行
        a = a + 1
End If
                :
```

　なお、今回は入れた空行は 1 行分のみですが、規模の大きなプログラムのコードの場合、まとまりのレベルを 2 段階に分けて、大きなまとまりの区切りの部分には空行を 2 つ入れて、小さなまとまりとのメリハリをつけるなどのワザもあります。

2-4

1 行が長いコードは適度に改行しよう

「 _ 」でコードの途中で改行

　VBAの文法では原則、改行をもって 1 つの命令文の終わりとしています。そのため、処理の内容によっては、1 行が長いコードを記述させるを得ない場面にしばしば直面します。1 行が長いコードは、右側のほうがVBEのコー

第2章　見た目にこだわる

ドウィンドウからはみ出てしまい、横スクロールをしなければ読めないなど、読みづらいものです。

そこで、VBAには「行継続文字」というものが用意されています。具体的には、行末で「 _」（半角スペースとアンダースコア）を用いれば、コードを途中で改行することができます。たとえば、次のように途中で改行できます。

```
Range("A1").Value = Range("C5").Value
```

⬇

```
Range("A1").Value _
= Range("C5").Value
```

上記の例では、1つ目のValueプロパティの直後で改行しています。注意したいのは、「 _」の半角スペースを忘れると、エラーになってしまうことです。必ず半角スペースとアンダーバーをセットで用いる必要があります。

加えて、改行できない箇所があることも要注意です。たとえば、オブジェクト／プロパティ／メソッド名の途中などです。もっとも、改行不可の箇所で改行してしまっても、VBEが実行時にエラーとして警告してくれるので、そのつど修正するというスタンスで実用的には十分です。細かい文法・ルールをすべて暗記しなくても大きな問題はありません。

サンプルのコードを途中で改行してみよう

それでは、本書サンプルsample1.xlsmのコードにて、1行が長いコードを途中で改行し、読みやすくしましょう。

どの程度の長さのコードが"1行が長い"かは、個人の見やすさで判断して構いません。少なくとも、お使いのPCの画面にて、VBEの普段のウィンドウのサイズで、横スクロールしないと見られないコードは1行が長いと言えるでしょう。

本書サンプルのコードで比較的1行が長いのは、コード2行目の宛名を転記する処理と、Ifステートメントの条件式および中のコードの先頭5行分です。実際は、この程度の長さであれば途中で改行すべきかどうかは微妙な

ところですが、今回は解説のために改行するとします。

改行した後のコードが以下となります。動作確認を忘れずに行いましょう。改行にあたり、筆者オススメのちょっとした工夫を 2 つしています。

▶ **リスト　改行後のコード**

```
Sub macro()
    Worksheets("請求書").Range("A3").Value _    ←
        = Worksheets("売上").Range("B3").Value
    Worksheets("請求書").Range("E3").Value = Date

    Worksheets("請求書").Range("A10:F19").ClearContents
    a = 10

    For b = 6 To 27
        If Worksheets("売上").Cells(b, 2).Value _    ←
            = Worksheets("売上").Range("B3").Value Then
            Worksheets("請求書").Cells(a, 1).Value _    ←
                = Worksheets("売上").Cells(b, 1).Value
            Worksheets("請求書").Cells(a, 2).Value _    ←
                = Worksheets("売上").Cells(b, 3).Value
            Worksheets("請求書").Cells(a, 3).Value _    ←
                = Worksheets("売上").Cells(b, 4).Value
            Worksheets("請求書").Cells(a, 4).Value _    ←
                = Worksheets("売上").Cells(b, 5).Value
            Worksheets("請求書").Cells(a, 5).Value _    ←
                = Worksheets("売上").Cells(b, 6).Value


            a = a + 1
        End If
    Next

    Worksheets("請求書").Activate
End Sub
```

上記のように本書サンプルのコードを途中で改行するにあたり、筆者が行ったちょっとした 2 つの工夫を解説します。いずれも、あとでコードを

第 2 章　見た目にこだわる

見た際に、途中で改行していることがよりわかりやすくなるための工夫です。コードの先頭なのか、それとも途中で改行した後半部分なのか、なるべく一目で把握しやすくすることが目的です。特に後半部分は「 _」が付かないため、独立した 1 行のコードと混同しがちです。そういった弊害を減らすための工夫になります。

途中で改行する箇所

　上記コードにおける改行はいずれも、代入演算子「＝」および比較演算子「＝」の前で行っています。この工夫は特に、改行したコードの後半部分を際立たせるためのものです。改行したコードの前半部分は末尾の「 _」によって、途中で改行していることが明白です。一方、後半部分はあえて「＝」から始まるようにしています。

　通常の命令文では VBA の文法上、「＝」から始まるコードはありえないので、「＝」が改行した後半部分であることの目印になるのです。もし、「＝」ではなく、通常のオブジェクト名などから始まると、改行した後半部分なのか、それとも次のコードなのかは、コードをよく読まないと把握できないでしょう。先頭に「＝」があれば、後半部分であることは一目瞭然です。

改行したコードの後半部分をインデント

　1 行のコードで改行した後半部分はすべてインデントしています。改行した前半部分は本来の先頭にしたまま、改行した後半部分は 1 段下のインデントにそろえます。これによっても、途中で改行していることが一目でわかるようになります。

　特に似たようなコードが複数あり、それぞれ改行しているケースに有効です。インデントしないと、どこがコードの後半なのかだけでなく、各コードの先頭さえもわかりづらくなってしまいます。そのような弊害も、後半部分をインデントすることで解消できるでしょう。

2-4 1行が長いコードは適度に改行しよう

▶ 図2-3 途中改行をわかりやすくする

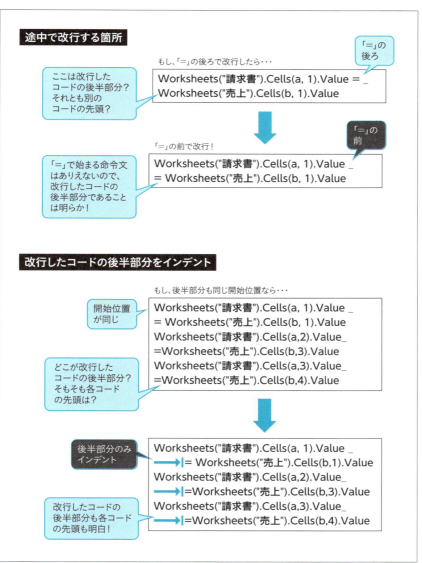

第 2 章　見た目にこだわる

より見やすく途中で改行するには

　今回の例ではたまたま代入演算子の「＝」と比較演算子の「＝」のように、すべて「＝」の手前で改行していますが、ほかの種類の演算子、もしくは「,」（カンマ）、「(」または「)」（カッコ）など、記号の手前で改行しても構いません。改行した後半部分の先頭が演算子や記号であるという、VBAの文法的にありえない記述にあえてすることで、途中で改行していることが強調できていれば、どのようなスタイルでも構いません。

　また、「.」（ピリオド）の前で改行するのも有効です。オブジェクト／プロパティ／メソッドの間に記述する「.」です。改行した後半部分は「.」から始まることになり、途中で改行されていることがよくわかります。VBAでコードが「.」から始まるケースはWithステートメント（7-3 節 P.177 参照）の中もありますが、いずれにせよ複数行にわたるコードで、途中で改行されていることが一目でわかります。

　ただし、演算子や「,」や「.」などの記号の前で改行することに固執しすぎて、不自然な箇所で改行するような結果になってしまう際、コードの見やすさとのバランスを鑑みて、改行する箇所を考慮しましょう。

　一方、改行したコードの後半部分をインデントする方法には、実はちょっとした欠点があります。2-2 節で行ったインデントと混同する恐れがあります。たとえば、上記の改行後のコードのIfステートメントに着目してください。最初の「If 条件式 Then」のコードを途中で改行し、後半部分はインデントしていますが、Ifステートメントの中のコードのインデントと同じになり、区別がつきにくくなってしまっています。

　この場合の解決策としては、たとえば下記のように、Ifステートメントの中のコードと区別をつけやすくするため、条件式の後半部分にあえてインデントを 2 つ入れるのも有効です。今回はこの方法を採用するとします。では、条件式の「＝」の前に、インデントを 1 つ追加してください。

```
If Worksheets("売上").Cells(b, 2).Value _
    = Worksheets("売上").Range("B3").Value Then    ←インデントがそろってしまっている
    Worksheets("請求書").Cells(a, 1).Value _
```

```
If Worksheets("売上").Cells(b, 2).Value _
        = Worksheets("売上").Range("B3").Value Then
    Worksheets("請求書").Cells(a, 1).Value _
```

繰り返しになりますが、演算子の前で改行、および後半部分をインデントするという2つの工夫は、あくまでも筆者個人がオススメするものです。あとでコードを見た際に、途中で改行していることがよりわかりやすくなるなら、読者の皆さんが独自の工夫を施してももちろん構いません。

1つのコードで何回途中で改行してもいいの？

　VBAでは、1つのコードの2ヵ所以上にて、途中で改行することもできます。とはいえ、あまり何度も途中で改行してしまうと、かえって見づらくなるなどの弊害も生じます。筆者は基本的に、途中の改行はせいぜい2回までが見やすさを損なわないと考えています。

　3回以上も途中で改行したくなるコードは、そもそもそこまで1行が長いコードであることが問題なので、別の方法で解決すべきです。その解決方法は7-9節（P.212）で改めて紹介します。

　ただ、中には3回以上途中で改行したほうがよいケースもあります。それは、1つのメソッドやVBA関数で構成されているコードで、引数の数が多く、かつ、各々の引数の記述も長めになってしまうケースです。

　その代表が、ワークシート関数をVBAで利用するWorksheetFunctionです。「Application.WorksheetFunction.」のあとに、ワークシート関数名を記述し、さらにカッコの中に引数を指定して記述します。引数はセルをRangeやCellsで記述する必要があり、引数の数が多いワークシート関数だと、どうしても1行のコードが非常に長くなってしまいます。

　そのような場合、引数ごとにコードを途中で改行すると見やすくなります。あわせて、改行した後半のコードの2つ目以降はインデントせず、縦をそ

第2章 見た目にこだわる

ろえます。改行の数は増えますが、各々の引数が明確化されるなど、読みや
すいコードになります。

たとえばSUMIFS関数のコードなら以下のように記述します。元々は1
行のコードですが、引数ごとに改行を入れ、さらにインデントも行っていま
す。なお、本来は戻り値として得られるSUMIFS関数の実行結果を、何ら
かの変数に代入するなどして、後の処理に使うコードを記述しますが、今回
は割愛させていただきます。

```
Application.WorksheetFunction.SumIfs( _
    Worksheets("Sheet1").Range("F6:F27") _
    , Worksheets("Sheet1").Range("B6:B27") _
    , Worksheets("Sheet2").Range("A1").Value)
```

また、SumIfsの最後のカッコも、あえてカッコ単体で改行するスタイル
として、下記のように記述するのも有効です。インデントは最初のカッコに
合わせます。カッコの最初と最後がより目立ち、途中のコードが引数である
ことがよりわかりやすくなるでしょう。

```
Application.WorksheetFunction.SumIfs( _
    Worksheets("Sheet1").Range("F6:F27") _
    , Worksheets("Sheet1").Range("B6:B27") _
    , Worksheets("Sheet2").Range("A1").Value _
)
```

ほかにも、算術演算や文字列の連結の処理で、項目が多数あるコードなど
の場合、項目ごとにコードを途中で改行し、縦をそろえて記述するのも、見
やすさを向上するのに有効です。さらには、多くの引数を定義しているSub
プロシージャやFunctionプロシージャを呼び出すコードなどでも同様です。

このようにコードを途中で何度改行するのか、改行した後半をインデント
するかどうかは、ケース・バイ・ケースで判断するとよいでしょう。

COLUMN

半角スペースの挿入もVBEに任せればOK!

　コードの見た目を整える方法は、インデント、空行、コードの途中改行以外に、実はもうひとつあります。それが「半角スペースを入れる」という方法です。たとえば、代入の「＝」をはじめとする演算子の前後に半角スペースを入れます。演算子および左辺と右辺の区切りが明確になるので、コードがよりわかりやすくなります。また、メソッドやVBA関数の引数が複数ある場合、「,」(カンマ) の後ろの半角スペースを入れれば、各引数の区切りがよりはっきりとします。半角スペースはプログラム実行時には無視されます。

　このような半角スペースはVBEが自動で挿入してくれます。そのため、プログラマーがいちいち意識して手動で挿入する必要はありません。たとえば、代入の「＝」の左右に半角スペースがない状態でコードを記述したとしても、別の行に移動すれば、半角スペースが自動で挿入されます。

　また、**全角のスペースはVBAの文法上エラーになるのですが、もし誤って入力しても、VBEが自動で半角スペースに変換してくれます。**ただし例外があり、「"」で囲った中に記述してある全角スペースは文字列として見なし、自動で半角には変換されません。

　とにかくスペースについては、「自動で挿入されたり、全角から半角に変換されたりしたら、それに従えばよい」というスタンスで扱えば何ら問題ありません。

第 2 章　見た目にこだわる

COLUMN

Value プロパティは省略しないほうが吉

セルの値は通常、セルのオブジェクトの Value プロパティで操作します。実はこの Value プロパティを省略しても、セルの値を操作することができます。たとえば、次のコードです。

```
Range("A1") = 10
```

Value を記述せず、「Range("A1")」のあとにいきなり「= 10」と記述しています。実行すると、ちゃんと A1 セルに 10 が入力されます。

このように Value プロパティは省略しても、プログラムは意図どおり動作しますが、コードの理解しやすさという点では、筆者はオススメしません。なぜなら、VBA ではセルのオブジェクトだけを記述するケースがあり、その記述と区別がつかなくなるからです。

たとえば、セル範囲を「Range(始点セル, 終点セル)」の形式で取得するケースです。始点セルも終点セルもともにセルのオブジェクトを指定するよう決められており、Range が入れ子になる体裁のコードになります。たとえば、A1 〜 D5 セルなら、「Range(Range("A1"), Range("D5"))」と記述します。

もし、Value プロパティを省略してコードを記述していると、「Range("A1")」の部分を見て、A1 セルのオブジェクトだけを指定しているのか、それとも Value プロパティを省略して A1 セルの値を指定しているのか、前後の処理をよく読まないと判別がつきません。Value プロパティを省略しなければ、そのような手間は不要になるので、省略しないことをオススメするのです。

また、Range のカッコ内に指定するセル番地のアルファベットは、小文字で記述しても構いません。ただ、通常どおり大文字で記述し、ワークシート上の表記とそろえたほうがわかりやすいコードと言えるでしょう。

第 **3** 章

適当な名前を付けない

第 3 章　適当な名前を付けない

3-1

読みやすいコードは名前もわかりやすい

理解しやすさには名前も大切

　2章では「理解しやすい」コードを実現する方法として、コードの見た目を整えることを解説しました。具体的にはインデント、空行、途中で改行の3種類を学びました。3章では「理解しやすい」を実現するための別の方法として、「わかりやすい名前を付ける」ことを学びます。

　VBAでは、プログラマーが名前を決める要素がいくつかあります。オブジェクト／プロパティ／メソッドやVBA関数、Ifなどステートメントの定型部分は必ず決められたとおりの名前を記述しなければなりませんが、その一方で、プログラマーが自分で名前を決められる要素がいくつかあります。それらは大きく分けて主に以下の3つです。

- プロシージャ名（3-2 節で解説）
- 変数名（3-3 〜 3-5 節で解説）
- 定数名（3-3 節および 6 章で解説）

　これらの名前を見て、役割などがすぐにわかれば、処理の内容や手順などをより短い時間で把握できるでしょう。名前の付け方は、コードの理解しやすさに直結する大きな要因なのです。

　これら以外にも、プログラマーが名前を決める要素としてプロシージャの引数名もありますが、本質的には変数名と同じなので、今回は変数名の解説に含めるとします。さらには、ユーザーフォームにおけるコントロールなどのオブジェクト名もプログラマーが決められますが、今回は本章末コラムで簡単に解説するにとどめます。

　ほかにも、クラスモジュールの名前（オブジェクト名）などもありますが、それらについては解説を割愛させていただきます。

54

3-2 プロシージャは機能がわかる名前を付けよう

3-2

プロシージャは機能がわかる名前を付けよう

機能が一目でわかる名前にしよう

　SubプロシージャやFunctionプロシージャといったプロシージャの名前は、プログラマーが決めます。どのような機能のプロシージャなのか、すぐにわかる名前を付けられれば、より理解しやすいコードとなるでしょう。

　本書サンプルsample1.xlsmには登場するSubプロシージャは「macro」の1つのみです。この「macro」という名前は「マクロ」という言葉そのままであり、どのようなSubプロシージャなのか、機能や役割などが名前からはさっぱりわかりません。そこで、Subプロシージャ「macro」の名前をより理解しやすいものに書き換えます。

　どのような名前に書き換えるのがふさわしいでしょうか？ このSubプロシージャ「macro」はの機能は請求書を作成することです。したがって、請求書を作成するSubプロシージャであることを表す名前なら、機能や役割などが一目で理解できるので、よりふさわしいでしょう。

　具体的にどのような名前にすればよいでしょうか？ ネーミング方法の定番は、機能や役割などを英語で表すという方法です。そこで、Subプロシージャ「macro」の機能である「請求書を作成する」を英語で表してみましょう。「請求書」は英語で「invoice」、「作成する」の英語はいくつか考えられますが、単純に「make」とするのが最も意味が通じやすいでしょう。

　単語の並びは、通常の英語と同じく「動詞＋目的語」にならって、「make」が先で「invoice」を後にするのが自然でしょう。間にスペースが入るとエラーになってしまうので、そのままひと続きに並べると、以下のようになります。

```
makeinvoice
```

55

第 3 章　適当な名前を付けない

macroより断然良くなりました。しかし、「make」と「invoice」の区切り
がよくわからず、一見すると「makeinvoice」という1つの単語と勘違いし
そうです。プロシージャ名としては、あと一歩理解しやすくしたいものです。
「請求書を作成する」＝「invoiceをmakeする」という機能の意味合いを、もっ
とわかりやすく伝える方法はないものでしょうか。

キャメル記法とスネーク記法

そこで、プロシージャ名を構成する各単語の区切りをより明確にするため
の記法を2種類紹介します。「キャメル記法」と「スネーク記法」です。それ
ぞれ「キャメルケース」「スネークケース」とも呼ばれます。いずれもVBAの
みならず、プログラミングの世界全体で長年広く使われている記法です。各
記法の書き方は以下のとおりです。

キャメル記法

各単語をスペースなしでつなげて記述します。その際、基本的にはアルファ
ベットの小文字で記述しますが、区切りとして、各単語の先頭1文字のみ
を大文字とします。その部分だけがラクダのコブのように見えることが、
「キャメル記法」と呼ばれる所以です。

キャメル記法はさらに細かく2種類に分かれます。1つ目は名前全体の先
頭を小文字にした記法です。「ローワーキャメル記法」（ローワーキャメルケー
ス）と呼ばれます。たとえば、「make」と「invoice」という2つの単語をつな
げた名前となら、後に続く「invoice」の先頭の「i」のみを大文字の「I」にしま
す。

```
makeInvoice
```

2つ目は名前全体の先頭を大文字にした記法です。「アッパーキャメル記
法」（アッパーキャメルケース）と呼ばれます。

```
MakeInvoice
```

スネーク記法

各単語を「_」(アンダースコア) でつなげて記述するのが「スネーク記法」です。アルファベットはすべて小文字、またはすべて大文字に統一します。ヘビのように同じ高さで続くことが、「スネーク記法」と呼ばれる所以です。

たとえば、「make」と「invoice」という2つの単語をつなげて名前を決めるなら、後に続く「invoice」の前に「_」を付けてつなげます。

```
make_invoice
```

▶ 図 3-1 キャメル記法とスネーク記法

VBAでは基本的にキャメル記法がメインで用いられています。オブジェクトやプロパティ、メソッド(引数名も含む)、VBA関数、組み込み定数などは、すべてキャメル記法で名前が付けられています。

プログラマーが名前を決めるプロシージャなどは、キャメル記法でもスネーク記法でも、どちらでも構いません。本書では、基本的にローワーキャメル記法を採用するとします。

ユーザー定義定数(指定した名前と値で定義できるオリジナルの定数。Constステートメントで定義)は、慣例的にスネーク記法を用います。しかも、アルファベットの大文字のみを用いたスネーク記法が一般的です。詳しくは5章で改めて解説します。

第3章　適当な名前を付けない

　なお、両記法とも、あくまでもVBAの世界およびプログラミングの世界の慣例的な記述方法であり、VBAの文法で決められている記法ではありません。そのため、厳密に従わなくてもエラーにはならず、プログラムはちゃんと動きます。また、アルファベットと「_」以外にも、先頭以外なら数字も使えるなど、VBAの文法で許される文字も使えます。

サンプルのSubプロシージャ名を変更しよう

　それでは、本書サンプルsample1.xlsmのSubプロシージャ「macro」の名前を、先ほど決めた名前「makeInvoice」に書き換えてみましょう。

```
Sub macro()
    Worksheets("請求書").Range("A3").Value _
        = Worksheets("売上").Range("B3").Value
    Worksheets("請求書").Range("E3").Value = Date
        :
```

⬇

```
Sub makeInvoice()
    Worksheets("請求書").Range("A3").Value _
        = Worksheets("売上").Range("B3").Value
    Worksheets("請求書").Range("E3").Value = Date
        :
```

　これで、Subプロシージャの名前を見るだけで、「請求書を作成する」という機能が把握できるようになり、コードがより理解しやすくなりました。

マクロを登録しなおす

　さて、Subプロシージャの名前を書き換えた後に、忘れてはならない作業があります。Subプロシージャ「makeInvoice」をワークシート上の[請求書作成]ボタンに、マクロとして登録しなおす作業です。登録しているSubプロシージャの名前が変更されても、残念ながら自動で反映されません。このままでは、ボタンをクリックしても実行されません。

　では、以下の手順で登録しなおします。

3-2 プロシージャは機能がわかる名前を付けよう

- ①[請求書作成]ボタンを右クリックし、[マクロの登録]をクリック

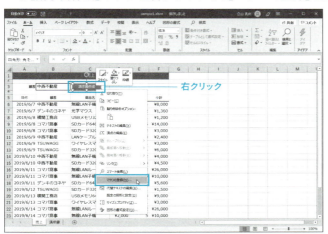

- ②「マクロの登録」ダイアログボックスが表示される。一覧から「makeInvoice」を選び、[OK]をクリック

- ③ワークシート上の同ボタン以外の場所をクリックするか、Esc キーを押して、同ボタンが選択された状態を解除する

　登録しなおせたら同ボタンをクリックして動作確認を行い、プロシージャ名の変更と合わせて、これまでと同様に動くかチェックしましょう。

第 3 章　適当な名前を付けない

長いプロシージャ名は省略形にしよう

　本節で体験したように、プロシージャ名は機能をベースに付けるとよいでしょう。一般的には「動詞＋名詞」のような形式だとわかりやすいと言えます。たとえば、請求書を印刷するプロシージャなら「printInvoive」などです。

　また、Sub プロシージャにせよ Function プロシージャにせよ、機能や役割などが少々複雑なプロシージャでは、英語でそのまま表そうとすると単語が多くなり、名前が長くなりがちです。長すぎる名前は読むのが大変であったり、コード全体がゴチャゴチャ見えるなどの理由から、可能な限り避けたいものです。

　プロシージャ名が長くなりそうなら、できるだけまとめて短い名前にしましょう。まとめる方法はいくつかありますが、まずは単語を省略形にすることです。英単語のスペルを意味がわかる程度に間引いて短くするのです。間引き方は冒頭部分のみを取り出すなど、いくつかあります。

　非常に参考になる良い例が、VBA 関数のネーミングです。たとえば、「StrConv」という VBA 関数があります。文字列を指定した形式に変換する VBA 関数ですが、この名前の由来は「文字列（String）を変換（Convert）する」です。これら 2 つの単語を略して、アッパーキャメルでつなげた関数名が「StrConv」です。ほかにメソッド名などもネーミングにおいて、英単語を略してまとめる格好のヒントになります。

　一方で、そもそもプロシージャの名前だけで機能などをすべて確実にわかるようにするのは、複雑なプロシージャになるほど無理があります。コメント（3 章で解説）を使って、コードに補足情報を記述することもできるので、名前だけですべてわかるようにすることにこだわりすぎる必要はまったくありません。

　筆者個人としては、そのプロシージャがコードのほかの箇所で呼び出されることがないか、もしくはごくわずかなら、名前が多少長くなっても、実用上問題ないと考えています。逆に頻繁に呼び出して使うプロシージャなら、名前が長いとコードが見づらくなるので、なるべく短くする判断をします。

3-3　変数や定数は用途がわかる名前を付けよう

日本語のプロシージャ名はあり？

　プロシージャ名は日本語で付けることもできます。筆者個人的には、呼び出すことがまったくないなら、日本語の名前でも構わないと考えています。逆に、コードのほかの箇所で呼び出して使うプロシージャの場合は、あまり日本語の名前はオススメしません。なぜなら、ぱっと見た際、コメントと混同してしまう恐れが高く、コードが理解しづらくなるからです。

　コメントは、編集終了後に別の行のコードに移動すれば、緑文字で表示されるので混同しにくくなります。しかし、編集中は黒文字で表示され、ほかのコードと同じ文字色となるので混同しがちです。このような理由から、ほかで呼び出して使うプロシージャなら、日本語の名前はオススメしません。

　さらに海外の支社など、日本語版以外のExcelを使う可能性がある場合も、日本語のプロシージャ名は避けたほうが無難でしょう。

3-3

変数や定数は用途がわかる名前を付けよう

わかりづらい変数名はNG！

　変数や定数の名前もプロシージャと同様です。どのような用途で、どのような値を格納し、どのように使う変数なのかがすぐにわかり、それでいて極力短い名前が理想です。名前の付け方の根幹はプロシージャと同じく、英単語をベースにします。定数も同様です。具体例は6章で解説します。

　本節では、本書サンプルsample1.xlsmを例に、変数名の付け方を学びます。使っている変数は、1-3節で紹介したように「a」と「b」の2つです。この変数名のままだと、役割は何が何だかサッパリわかりません。しかも、各変数がコードのどの箇所でどう使われているか調べようと、VBEの検索機能で検索しようとしても、変数名が単なる「a」と「b」では、この2つのアル

61

第 3 章　適当な名前を付けない

ファベットは他のオブジェクト名などにも多数使われているため、うまく検索することすらできません。変数 a と b の現状の名前はこのように、さまざまな弊害があります。

変数 a と b の役割を改めて提示すると以下です。

- **変数 a：売上データの転記先セルの行**
- **変数 b：売上データの転記元セルの行**

ともに行番号の数値を格納し、Cells プロパティの第 1 引数に指定して使っています。変数 b は For...Next ステートメントの「カウンタ変数」です。カウンタ変数とは、繰り返しのステートメントにおいて、回数を数えるために用いる変数です。For...Next ステートメントなら、書式「For 変数 ＝ 初期値 To 最終値」の「変数」の部分に指定した変数がカウンタ変数となり、繰り返しが始まると初期値が代入され、最終値に達するまで、繰り返しのたびに自動で値が 1 ずつ増やされます。

本書サンプル sample1.xlsm の変数 b はカウンタ変数として、初期値の 6 から最終値の 27 まで、繰り返しのたびに 1 ずつ増えていきます。変数 a は最初に 10 で初期化し、転記するたびにコード「a ＝ a ＋ 1」によって値を 1 ずつ増やしています。

それぞれどのような変数名に変更すべきか、考えてみましょう。なお、両変数とも宣言をしていないという問題もあります。宣言については 5 章で改めて解説します。

どんな名前にするかを考える

変数 a は「売上データの転記先の行（行番号）」でした。その役割がすぐにわかるような変数名を考えてみます。

「売上データの転記先の行」は「売上データ」と「転記先」と「行」の語句に分解できます。それぞれを英単語に置き換えてみます。

- **売上データ**
売上は「sales」、データは「data」です。変数名はわざわざ「data」と付け

3-3 変数や定数は用途がわかる名前を付けよう

なくても、データであることは自明の理なので、変数名には「sales」だけ用いるとします。

・ **転記先**

　そのまま英訳してもよいのですが、プログラミングの世界では昔から、「転記先」のような「〜先」という意味として、「dst」という語句がよく使われてきたので、それを用いるとします。「dst」は「destination」の省略形です。destinationは「行き先」や「目的地」といった意味の単語です。

・ **行**

　行は英語で「row」です。そのままでも十分短い単語ですが、変数名全体を極力短くするサンプルとして、ここでは「o」を取り除き、「rw」という省略形で用いるとします。

　これら3つの単語「sales」「dst」「rw」から変数名を組み立てます。並び順は、「dst」→「rw」→「sales」の順とします。理由は、この次項で変数bの変数名（転記元の行の変数名）を考えたあとに改めて解説します。

　3つの単語を上記の順でつなげます。変数名においては、キャメル記法を用いることを強くオススメします。変数の宣言とセットで用いると、変数名の入力間違いを防ぐのに便利だからです。なぜ防げるのかなど、詳細は5章の5-3節で改めて解説します。

　今回はローワーキャメルケースを採用するとします。すると、変数名は以下になります。

```
dstRwSales
```

　この変数名なら、売上データの転記先の行であることがより明確にわかるでしょう。「sales」も省略形にした変数名も考えられますが、今回はこのままとします。

　ほかにも、「dstRw」という変数名も十分考えられます。「Sales」が付かない変数名です。変数名はより短くシンプルになりますが、dstRwだけだと、

63

第 3 章　適当な名前を付けない

「転記先の行」という意味しか含まれず、何の転記先の行なのか、変数名か
らはまったくわかりません。Sub プロシージャ「makeInvoice」で転記する
のは売上データのみとはいえ、曖昧すぎる変数名は極力避けたいものです。
そのため、「dstRw」という変数名はベターではないでしょう。

　一方、「dstRwSales」という変数名は、人によっては長く感じるのも事実
です。一般的に変数の役割や利用頻度によって、わかりやすさと短さを両立
できる名前を付けます。

　どのような役割の変数なのか、変数名だけで表すことにこだわらず、宣言
時にコメントで補足するのも有効です。宣言については 5 章、コメントは 4
章で改めて詳しく解説します。変数名には、そのことを知らないと使う際に
誤ってしまうなど、必要最低限の情報のみを盛り込むことが理想でしょう。

複数の単語を並べるときの順番

　続けて、変数 b の名前を考えてみましょう。変数 b は売上データの転記元
の行でした。先ほどの変数 dstRwSales と同様に名前を考えると、「売上デー
タ」は「sales」、「行」は「rw」でよいでしょう。

　「転記元」ですが、こちらもプログラミングの世界では昔から、「〜元」とい
う意味で「src」という語句がよく使われてきました。それを用いるとします。
「src」は「source」（「源」や「出所」といった意味）の省略形です。

　これら 3 つの単語「src」と「rw」と「sales」を、変数 dstRwSales と同様の
並びで、ローワーキャメルケースでつなげます。

```
srcRwSales
```

　さて、変数 srcRwSales と dstRwSales の名前において、3 つの単語の並
び順について解説します。

　変数名は当たり前ですが、通常は先頭から読んでいくものです。そのため、
先に「src」または「dst」といった単語が出てきたほうが、より早い段階で変
数の役割が伝わりやすくなります。そのため、「dst」や「src」を変数名の冒頭
に、接頭語のように使ったのです。

　加えて、特に今回のように、2 つの変数 srcRwSales と dstRwSales の名

64

前では、「Rw」と「Sales」が共通しています。異なる「dst」や「src」が先に出てきたほうが、両者の区別がよりつきやすくなります。たとえば、「rwSalesSrc」と「rwSalesDst」、または「salesRwSrc」と「rwSalesDst」などのように、srcとdstがあとに並ぶと、変数名を先頭からある程度まで読み進めないと区別が付かず、理解しづらいコードとなってしまいます。

　また、「rw」と「sales」の順番ですが、もともと日本語では「売上データの転記元の行」と「売上データの転記先の行」のように、「転記元」と「行」、「転記先」と「行」が近い関係であり、「行」があとになる並びになっています。よって、最初に「src」と「dst」を並べるので、そのあとに続けて「rw」を並べるべきでしょう。すると、残りの「sales」はそのあとに並べることになり、「rw」と「sales」の順番となるのです。

　なお、この命名の方法はあくまでも一例です。変数の役割が理解しやすければ、どのような方法でも構いません。いずれにせよ、命名の規則が統一されていることが重要です。命名規則が統一されていると、他の変数を読み解いたり、新たに命名する際に作業がよりスムーズになるからです。定数名やプロシージャ名についても同様です。

3-4

変数名を変えてみよう

サンプルの変数名を書き換えよう

　それでは、本書サンプルのSubプロシージャ「makeInvoice」にて、実際に変数aをdstRwSalesに、変数bをsrcRwSalesに書き換えましょう。

　コードを改めて確認すると、変数aは8ヵ所、変数bは7ヵ所に記述されています。このように何ヵ所もあるのを一度に書き換えると、記述ミスなどが起こりやすいです。たとえば、変数aはdstRwSalesに書き換えるべきなのに、誤ってsrcRwSalesに書き換えてしまえば、バグを新たに生み出す結

第3章　適当な名前を付けない

果になってしまいます。

　そこで、2つの変数を段階的に書き換えていきます。変数を1つ書き換え
たら、動作確認を行って、正しく書き換えられたか確認します。確認できた
ら、2つ目の変数を書き換えて、動作確認します。

　変数aとbのどちらを先に書き換えてもよいのですが、今回は変数aから
とします。では、以下にように、変数aを変数dstRwSalesに8ヵ所すべて
書き換えてください。

▶ リスト　変数a変更前

```
Sub makeInvoice()
    Worksheets("請求書").Range("A3").Value _
        = Worksheets("売上").Range("B3").Value
    Worksheets("請求書").Range("E3").Value = Date

    Worksheets("請求書").Range("A10:F19").ClearContents
    a = 10

    For b = 6 To 27
        If Worksheets("売上").Cells(b, 2).Value _
                = Worksheets("売上").Range("B3").Value Then
            Worksheets("請求書").Cells(a, 1).Value _
                = Worksheets("売上").Cells(b, 1).Value
            Worksheets("請求書").Cells(a, 2).Value _
                = Worksheets("売上").Cells(b, 3).Value
            Worksheets("請求書").Cells(a, 3).Value _
                = Worksheets("売上").Cells(b, 4).Value
            Worksheets("請求書").Cells(a, 4).Value _
                = Worksheets("売上").Cells(b, 5).Value
            Worksheets("請求書").Cells(a, 5).Value _
                = Worksheets("売上").Cells(b, 6).Value


            a = a + 1
        End If
    Next

    Worksheets("請求書").Activate
End Sub
```

3-4 変数名を変えてみよう

▶ リスト　変数a変更後

```
Sub makeInvoice()
    Worksheets("請求書").Range("A3").Value _
        = Worksheets("売上").Range("B3").Value
    Worksheets("請求書").Range("E3").Value = Date

    Worksheets("請求書").Range("A10:F19").ClearContents
    dstRwSales = 10

    For b = 6 To 27
        If Worksheets("売上").Cells(b, 2).Value _
                = Worksheets("売上").Range("B3").Value Then
            Worksheets("請求書").Cells(dstRwSales, 1).Value _
                = Worksheets("売上").Cells(b, 1).Value
            Worksheets("請求書").Cells(dstRwSales, 2).Value _
                = Worksheets("売上").Cells(b, 3).Value
            Worksheets("請求書").Cells(dstRwSales, 3).Value _
                = Worksheets("売上").Cells(b, 4).Value
            Worksheets("請求書").Cells(dstRwSales, 4).Value _
                = Worksheets("売上").Cells(b, 5).Value
            Worksheets("請求書").Cells(dstRwSales, 5).Value _
                = Worksheets("売上").Cells(b, 6).Value

            dstRwSales = dstRwSales + 1
        End If
    Next

    Worksheets("請求書").Activate
End Sub
```

　書き換え終えたら、実行して動作確認しましょう。もし、エラーになった
り、意図どおりの実行結果が得られなかったりしら、どこかで書き換えミス
をしているので、コードを調べて修正し、再び動作確認を行ってください。
　変数aを無事に書き換えられたら、同じ要領で変数bをsrcRwSalesに7ヵ
所すべて書き換えてください。

第 3 章　適当な名前を付けない

▶ リスト　変数 b 変更前

```
Sub makeInvoice()
    Worksheets("請求書").Range("A3").Value _
        = Worksheets("売上").Range("B3").Value
    Worksheets("請求書").Range("E3").Value = Date

    Worksheets("請求書").Range("A10:F19").ClearContents
    dstRwSales = 10


    For b = 6 To 27
        If Worksheets("売上").Cells(b, 2).Value _
                = Worksheets("売上").Range("B3").Value Then
            Worksheets("請求書").Cells(dstRwSales, 1).Value _
                = Worksheets("売上").Cells(b, 1).Value
            Worksheets("請求書").Cells(dstRwSales, 2).Value _
                = Worksheets("売上").Cells(b, 3).Value
            Worksheets("請求書").Cells(dstRwSales, 3).Value _
                = Worksheets("売上").Cells(b, 4).Value
            Worksheets("請求書").Cells(dstRwSales, 4).Value _
                = Worksheets("売上").Cells(b, 5).Value
            Worksheets("請求書").Cells(dstRwSales, 5).Value _
                = Worksheets("売上").Cells(b, 6).Value

            dstRwSales = dstRwSales + 1
        End If
    Next

    Worksheets("請求書").Activate
End Sub
```

▶ リスト　変数 b 変更後

```
Sub makeInvoice()
    Worksheets("請求書").Range("A3").Value _
        = Worksheets("売上").Range("B3").Value
    Worksheets("請求書").Range("E3").Value = Date

    Worksheets("請求書").Range("A10:F19").ClearContents
    dstRwSales = 10
```

3-4 変数名を変えてみよう

```
    For srcRwSales = 6 To 27
        If Worksheets("売上").Cells(srcRwSales, 2).Value _
            = Worksheets("売上").Range("B3").Value Then
            Worksheets("請求書").Cells(dstRwSales, 1).Value _
                = Worksheets("売上").Cells(srcRwSales, 1).Value
            Worksheets("請求書").Cells(dstRwSales, 2).Value _
                = Worksheets("売上").Cells(srcRwSales, 3).Value
            Worksheets("請求書").Cells(dstRwSales, 3).Value _
                = Worksheets("売上").Cells(srcRwSales, 4).Value
            Worksheets("請求書").Cells(dstRwSales, 4).Value _
                = Worksheets("売上").Cells(srcRwSales, 5).Value
            Worksheets("請求書").Cells(dstRwSales, 5).Value _
                = Worksheets("売上").Cells(srcRwSales, 6).Value

            dstRwSales = dstRwSales + 1
        End If
    Next

    Worksheets("請求書").Activate
End Sub
```

　書き換え終えたら忘れずに、動作確認を先ほどと同様に行ってください。もし正しく動かなければ、修正してください。

　これで変数aをdstRwSalesに、変数bをsrcRwSalesに書き換え終えました。変数名の文字数が増えたことで、コード全体のボリュームが増え、最初は見た目が少々複雑になったイメージを抱くかもしれませんが、読めばちゃんと意味がわかる変数名になったので、グンと理解しやすくなりました。

面倒でもバックアップを心がけよう

　本節で変数aとbを書き換えたように、一度に何ヵ所も書き換えなければならない場合は、必ず動作確認をマメに行いましょう。そうしないと、バグがいくつも潜んだままとなり、あとで修正するのが非常に困難になってしまいます。

　そして、本節のように大きく書き換える際は、書き換え前のコードをバッ

クアップしておくことを強くオススメします。書き換えに失敗し、なおかつ、元に戻せなくなった際、少なくともバックアップしておいた時点のコードまで復旧できるからです。

バックアップの方法は自由で構いません。一般的なのはコメントアウトする方法でしょう。その際、VBEの[編集]ツールバーの[コメントブロック]ボタンを使うと、複数行のコードをまとめてコメント化できるので、作業を効率化できますし、ミスも抑えることができるのでオススメです。[編集]ツールバーを表示するには、[表示]→[ツールバー]→[編集]をクリックします。コメント化した状態から元に戻したいときは、同ツールバーの[非コメントブロック]を使えば、まとめてコメントを解除できます。ほかには、Excelのブックごとバックアップしても構いません。万が一パソコンがクラッシュしても対応できてより確実でしょう。

COLUMN

「コメントアウト」を活用しよう

コメント機能（4章で解説します）は、コード内にメモを残す以外に便利な使い方があります。プログラミングの世界で一般的に「コメントアウト」と呼ばれる使い方です。命令文をコメント化して、実行されないようにすることです。

たとえば、不具合の箇所を見つけるために、一部の処理をコメントアウトして、一時的に無効化しておくという使い方ができます。また、コードを大きく追加・変更・削除する際、既存のコードをコピーした上でコメントアウトして残しておくことも、よくある使われ方です。もし追加・変更・削除に失敗し、なおかつ、コードをいじりすぎて元に戻せなくなっても、コメントアウトして残しておいた元のコードがあるので復旧できます。

このようにコメントアウトを用いると、開発を効率化できるので、ぜひとも活用しましょう。

一括置換する際は要注意

VBEには置換機能が搭載されており、指定した語句の一括置換も可能です。もし、置換対象の語句が明確であり、意図せぬ箇所まで置換されてしまう恐れが確実にないとわかっていれば、一括置換を利用してもよいでしょう。

ただし、意図せぬ箇所まで置換される恐れが少しでもあるなら、一括置換の利用は控えたほうが無難です。今回のサンプルのように、書き換え対象の変数名が「a」および「b」というアルファベット1文字だと、ほかの語句の中に含まれる「a」および「b」までが置換されてしまうので、一括置換は事実上不可能です。

3-5

変数名の暗黙の了解

カウンタ変数は必ず「i」にすべき？

プログラミングの世界では昔から慣例的に、「i」や「j」や「k」などのアルファベット1文字がカウンタ変数の名前によく用いられます。

3-3節で、For...Nextステートメントのカウンタ変数bをsrcRwSalesに書き換えました。カウンタ変数のため、srcRwSalesではなくiにするという選択肢もありました。iにすれば、カウンタ変数であることがすぐにわかるでしょう。

もし、単純に指定した回数を繰り返すだけのコードなら、カウンタ変数の名前は、よくあるiやjでも構いません。そのカウンタ変数には回数を数える以上の役割はないからです。

しかし、今回のようにカウンタ変数が明確な役割を持っているなら、そのことがわかる名前にしたほうがベターです。iやjはいわば、その繰り返しの構文の中だけで"使い捨て"となる変数のみに用いたほうがよいと筆者は考

第 3 章　適当な名前を付けない

えています。

　ここで変数名をsrcRwSalesとした理由は、変数名を決める際に述べたように、変数の役割が売上データの転記元の行を指すからです。処理の際にたまたま繰り返す必要が生じ、For...Nextステートメントを用いたため、カウンタ変数として使われただけです。本質的な役割としては売上データの転記元の行であり、そのことがコードを読む人に伝わったほうがより理解しやすいと判断し、srcRwSalesに決めたのです。

変数名でよく使われる省略形

　これまたプログラミングの世界においてですが、慣例的によく使われる英語の省略形があります。特にVBAプログラミングでよく使われるものを表に示します。

▶ 表　よく使われる省略形

語句	意味	省略前の単語
str	文字列	string
num	数値	number
btn	ボタン	button
ws	ワークシート	worksheet
wb	ブック	workbook

　これらの語句は通常、単体ではなく、前後にほかの単語をつなげて変数名とします。たとえば、売上データのワークシートのオブジェクトを格納する変数なら、ワークシートの省略形「ws」と、「Sales」など売上を意味する単語とを組み合わせて、「wsSales」などの変数名とします。

処理の前後、真偽、を表す変数名

　本章で用いたsrcとdstのように、対になる単語も少し紹介します。省略形も省略しないかたちも両方あります。

・ srcとdst　　　：処理元（source）と処理先（destination）
・ beginとend：始まりと終わり

72

3-5 変数名の暗黙の了解

・ **first**と**last** ：最初と最後

また、Boolean型の変数（TrueまたはFalseのいずれかを代入する変数）の名前は、先頭に「is」を付けることが一般的です（isXxxxなど）。

日本語の変数名

日本語の変数名についても触れておきます。変数名は日本語で付けることもできますが、筆者はオススメしません。その理由は前節で解説したコードのほかの箇所で呼び出して使うプロシージャの場合と同じです。変数名が日本語だと、ぱっと見た際、コメント（4章で解説します）と混同してしまう恐れが高く、コードが理解しづらくなるからです。その上、ワークシート名が日本語であり、コードに「Worksheets("シート名")」などがあると、さらに日本語の箇所が増え、混同してしまう恐れがもっと高まってしまいます。

COLUMN

フォームのコントロールもわかりやすい名前を

ユーザーフォーム（以下、フォーム）のオブジェクト名も、どのようなコントロールなのか、ひと目でわかるような名前を付けるとよいでしょう。コントロールはフォーム上に配置した時点で、自動でオブジェクト名が付けられますが、たとえばボタンなら「CommandButton1」など、コントロールの種類名に連番が付けられた体裁です。コントロールの種類しかわからない名前であり、もし同じ種類のコントロールが何個も配置されたフォームなら判別しづらく、フォームの作り込みやイベント発生時の処理のプログラミングといった作業の効率が低下してしまいます。

例として、次の画面のようなフォームを作成したとします。コントロールは「氏名」と「年齢」のテキストボックスが2つ、[OK]と[キャンセル]のボタンが2つとします。自動で付けられるオブジェクト名は、ボタンなら「CommandButton1」と「CommandButton2」となり、どちらのボタンなのかわかりません。

そこで、オブジェクト名を変更します。たとえば[OK]ボタンなら「btnOK」、[キャンセルボタン]なら「btnCancel」とします。このようなオブジェクト名ならどのボタンなのかひと目でわかります。

73

第 3 章　適当な名前を付けない

　このようなわかりやすいオブジェクト名だと、VBEのプロパティウィンドウのドロップダウンからコントロールを選ぶ際も迷いません。また、イベントプロシージャ名にもそのコントロール名が用いられるので、目的のイベントプロシージャを探してコードを記述することがより素早く行えるでしょう。

　一方、テキストボックスに自動で付けられるオブジェクト名は「TextBox1」と「TextBox2」などです。このとき、値を取得するコードは「TextBox1.Value」や「TextBox2.Value」となり、どのようなテキストボックスの値なのかわかりません。
　そこでオブジェクト名を変更します。先ほどの例のフォームの場合、テキストボックス「名前」なら「TextBoxName」、年齢のテキストボックスなら「TextBoxAge」などとします。この名前なら、値を取得するコードは「TextBoxName.Value」や「TextBoxAge.Value」となり、どのテキストボックスの値なのか、ひと目でわかるようになるでしょう。
　今回例に挙げたフォームはコントロールの数が少ないので、わかりやすいオブジェクト名に変更するメリットはあまり感じられませんが、たとえばアンケートフォームのようにテキストボックスやオプションボタン、チェックボックスといった同じ種類のコントロールがいくつも並ぶようなフォームの場合、メリットは大きいでしょう。

第**4**章

コメントを入れよう

第4章　コメントを入れよう

4-1

たかがコメント、されどコメント

コードの中に残しておく "メモ"

　3章までに、"良いコード"を書くための具体的な方法として、まずはインデントと空行、途中での改行によって、見た目を整えることを学びました。加えて、プロシージャや変数の名前に意味を持たせることで、より理解しやすく、コードそのものを読み下しやすくすることも学びました。

　4章では、コードをさらに理解しやすくする方法として、「コメント」を学びます。コメントとは、コードの中に記すメモのようなものです。一般的には、処理内容や変数の役割の説明や補足などを記します。コメントはプログラム実行時には無視されるものであり、任意の文言を記述できます。もちろん、日本語も使えます。

　コメントがあるコードはないコードに比べて、格段に理解しやすいものです。さらにはコメントがあっても、その分量や内容によって、理解しやすさは大きく変わってきます。より良いコードにするために、コードのどこにどのようなコメントをどれだけ入れればよいか、順を追って解説してきます。

VBAでのコメントの書き方

　ここで先に、コメントの文法・ルールをおさらいしておきましょう。VBAでコメントを記述するには、「'」(シングルクォーテーション)を用います。冒頭に「'」を付けると、同じ行で以降に記した文字はすべてコメントと見なされます。

▶ 書式

```
'コメントの文言
```

コメントはVBE上では、緑色の文字で表示されます。ただし、編集中のコメントは黒文字で表示され、別の行に移動すると緑文字に変わります。

コメントを記述する場所は大きく分けて2パターンあります。1つ目のパターンは、命令文（コメントではないコード）と同じ行で、その命令文の後ろに記述します。命令文から少なくとも半角スペース1つは間を空ける必要があります。もっとも、命令文と続けてコメントを記述してしまっても、別の行に移動すれば、VBEが自動で半角スペースを1つ挿入してくれます。

コメントを記述する場所の2つ目のパターンは、コメントだけを1行に記述します。その行のコードには命令文は一切なく、コメントだけが記述されることになります。一般的には「1行コメント」や「単一行コメント」などと呼ばれます。本書では以降、「1行コメント」と表記するとします。

コメントを入れることができない場所もある

途中で改行しているコードの場合、前半部分のコード（末尾に「 _」が付いている行のコード）の後ろには、コメントは記述できない決まりになっています。もし記述すると、コンパイルエラーになってしまうので注意してください。

コメントを残すべきことって何？

それでは、具体的にコメントはどのように書けばよいかを解説していきます。コメントを入れる目的は繰り返しになりますが、コードをより理解しやすくするためです。そのため、コメントとして書くべきことは主に「処理内容の説明や補足」になります。

とはいえ、すべてのコードに説明や補足を入れてしまうと、見た目がゴチャゴチャうるさくなり、コメントを読むだけで膨大な時間と労力を要するものです。しかも、肝心のコード自体もコメントに埋もれて見づらくなり、理解

第4章 コメントを入れよう

しづらくなってしまうでしょう。

そこで大原則として、以下のⒶまたはⒷのいずれかに該当する箇所のみ、コメントを入れるとよいでしょう。

- Ⓐコードを読んでもわからない（理解しにくい）処理内容の箇所
- Ⓑ読めばわかるが、ポイントとなる処理内容の箇所

ⒶとⒷのような必要最低限の箇所だけにコメントを入れることで、コード全体のスッキリ感をあまり損なうことなく、読む時間と労力も少なくて済みます。コメント自体の中身はたとえば以下です。極力少ない文字数で簡潔に記せるとベストです。

- どのような処理手順なのか
- どのような意図や目的の処理なのか
- 変数や定数はどのような役割でどう使っているのか
- 分岐はどのような条件で行っているのか
- 繰り返しはどのような条件で行っているのか

ほかにも、ⒶかⒷに該当するならコメントとして残しておくとよいでしょう。ポイントとしては、たとえば変数に代入する処理で、「変数○○に××を代入」のように、コードを読んだそのままを記すのではなく、どのような目的や意図でその変数に代入しているのかを記すのが有効です。WhatやHowではなく、Whyを記しておくと理解がより進むでしょう。

ただし、上記Ⓑの一例になりますが、たとえコードを読めばすぐにわかるようなWhatやHowでも、プログラムの構成や処理の大きな流れといった全体像の把握の助けになるのなら、あえて記すことも有効です。このあたりの具体例やさじ加減は、次節以降にて本書サンプルsample1.xlsmを用いて改めて解説します。記述する場所は命令文の後ろなのか独立した行なのかもあわせて解説します。

> COLUMN

コメントを入れる際の注意点

コメントを入れる際は以下も注意しましょう。コメントが逆効果になり、かえって理解しづらくなってしまいます。

■コードを追加・変更したら、コメントも必ず反映する

プログラム完成後に機能の追加や変更が行われることはよくあります。その際、コードの追加・変更内容に合わせて、コメントも忘れずに追加・変更しておきましょう。そうしないと、コードの中身とコメントの内容が食い違う結果となり、読む人が混乱してしまいます。

■削除したことを伝える重要性

コードを削除したら、どの処理をなぜ削除したのかなども、コメントとして一定期間残しておくことをオススメします。もし不具合が新たに発生した際に解決の手助けになりますし、すでに試したことがあることを伝える役割にもなります。

■コメントを入れすぎない

本文でも触れましたが、すべてのコードにコメントを入れてしまうと、全体がゴチャゴチャして見づらくなります。必要最小限な箇所にだけ入れるようにしましょう。

4-2

サンプルにコメントを入れてみよう

宛名転記の処理にコメントを入れる

それでは、実際に本書サンプルsample1.xlsmのコードにコメントを入れてみましょう。現時点ではコメントは一切記述されていません。この状態か

第4章　コメントを入れよう

ら、より理解しやすくなるよう、コメントを入れていきます。

　なお、本節以降で入れていくコメントは、あくまでも筆者が理解しやすいようにと考えた一例です。文言や入れる場所など、読者の皆さんご自身が理解しやすくなるようアレンジしてもまったく問題ありません。

　では、Subプロシージャ「makeInvoice」の中身のコードを上から順に見ていきましょう。まずは宛名を転記している処理「Worksheets("請求書").Range("A3").Value _ ～」(コード2～3行目)です。コードだけを見ると、セルのValueプロパティの代入によってデータを転記していることまではわかりますが、何のデータなのかまではわかりません。そこで、宛名を転記していることがわかるよう、次のようにコメントを入れてみましょう。

```
Worksheets("請求書").Range("A3").Value _
    = Worksheets("売上").Range("B3").Value '宛名
```

　コメントの内容は「宛名」だけです。もちろん、「宛名を転記」まで書いてもよいのですが、宛名を扱っていることさえわかればよいこともあり、今回は「宛名」のみとします。セルの値を転記していることはコードを読めばわかるので、コメントに記さなくても問題ないでしょう。

　コードの後ろからコメントまでは、本書では半角スペース1つとします。もちろん、読者の皆さんが自分のコードにコメントを入れる際は、半角スペース1つ以上にしても構いません。なお、このコードは途中で改行していますが、前節で解説したように、途中改行の「～ .Value _」の後には、VBAの文法としてコメントを記述できません。

"ハマりそうな罠"への警告をコメントする

　次は日付を入力しているコード「Worksheets("請求書").Range("E3").Value = Date」(4行目)です。宛名の処理と同様に、日付を扱っていることがわかるコメントを入れます。「日付」とさえ書いてあれば、処理内容がわかるでしょう。

　ただし、本サンプルのこの処理の場合、単に「日付」だけでは少々不親切です。コードを読んだ人の中には、「日付を入力するなら、わざわざVBAを

80

使わなくても、TODAY関数で十分だよね」と思う人が少なくないでしょう。

そこで、なぜVBAのDate関数を用いているのか、その意図をコメントとして残しておくと親切です。Date関数を使っているのは1-3節（P.19）で解説したように、本サンプルでは日付は請求書を作成した日（プログラムを実行した日）を入力し、それを翌日以降も保ちたいからでした。TODAY関数はブックを開いた当日の日付を随時取得するため、翌日以降にブックを開いた際、日付が作成日からずれてしまうのでした。このこともコメントに記しておきます。いわば"だれもがハマりそうな罠"への警告の意味も込めたコメントになります。

ここでは以下のようにコメントを入れてみました。「日付」のあとに、Date関数を使う意図を記しています。さらに、なぜTODAY関数では不適切なのかも記しています。

```
Worksheets("請求書").Range("A3").Value _
    = Worksheets("売上").Range("B3").Value '宛名

'日付。作成した日にするためDate関数。TODAY関数では開いた日に。
Worksheets("請求書").Range("E3").Value = Date
```

長めのコメントなので、コードの後ろではなく、前の行に1行コメントとして記述しています。また、前の行のコードと続けて書くと見づらくなるので、間に空行を追加しています。

なお、ここでさらに「TODAY関数では不適切な理由」まで書くかどうかは意見が分かれるところです。コメントの文字量があまり多いと、全体がゴチャゴチャした印象になり、コード本体が埋もれてしまって、かえって理解しづらくなってしまいます。そのバランスも常に考慮しながらコメントを入れましょう。

処理の意図をコメントで残しておこう

次は請求書の表（A10～F19）を事前にクリアする処理のコード「Worksheets("請求書").Range("A10:F19").ClearContents」（8行目）で

第4章　コメントを入れよう

す。なお、以降の解説では、該当コードの位置を表す“～行目”は1行コメ
ントおよび空行を挿入後のものとします。

　1-3節で紹介したように、このコードから売上データの抽出・転記処理が
始まります。処理の目的は、前回転記したデータが残るのを防ぐためです。
気づきにくい目的であり、コメントにはその意図も記しておくべきでしょう。
今回は以下のようにコメントを入れるとします。長めのコメントなので、コ
メントのみを1行で記述しています。

```
' 請求書の表を先に消去。前回転記したデータが残るのを防ぐため
Worksheets("請求書").Range("A10:F19").ClearContents
```

　次はコード「dstRwSales = 10」(10行目)です。この処理は、転記先行
番号の変数dstRwSales(元は変数a)に、転記先となる請求書の表の先頭の
行番号である10を設定しているのでした。そのことをコメントに記しましょ
う。変数dstRwSalesに値を設定する意味、10という数値が何なのかなど、
コードを読んでもわからない情報をコメントに記すのです。

　今回コメントの文言は以下とします。若干長めですが、コードの後ろに記
述するとします。もちろん、1行コードにしても構いません。

```
dstRwSales = 10 ' 転記先行番号を請求書の表の先頭に設定
```

　なお、「初期化」という語句は、変数などを最初の値に設定する際によく用
いられます。“最初の値”とは、変数やプロパティなどの値をプログラムの中
で変化させて使う際、最初に入れておく値のことです。具体的な値や意味は
処理の内容によって変わるものです。

　また、「そもそも変数dstRwSalesが何なのか、わからないじゃないか！」
と不満を抱く読者の方も少なくないかと思います。3章で変数名を書き換え
たとはいえ、確かにわかりづらさは残っていることは否めないでしょう。こ
の問題は次章で解決します。変数を宣言するコードを追加するのですが、そ
のコードに変数dstRwSalesの役割などの情報をコメントとして付加します。

　一方、この10行目のコードに対して絶対的に“良くない”と言い切れるコ
メントがあります。それは「変数dstRwSalesに10を代入」のたぐいです。

82

コードを読んだそのままであり、何のために 10 を代入しているのか、10 という数値は何なのか、などの意図がわかりません。

繰り返しと分岐にもコメント

次のコードは「For srcRwSales = 6 To 27」（12 行目）です。For...Next ステートメントが実際に売上データの抽出・転記を行っている処理になります。転記元であるワークシート「売上」の表におけるデータの先頭（6 行目）から末尾（27 行目）まで、繰り返しによって順に処理しているのでした。その旨をコメントに記しましょう。

```
For srcRwSales = 6 To 27 '転記元の表の先頭から末尾を処理
```

このコメントでは、For...Next ステートメントの初期値が転記元の表の先頭、最終値が末尾の行番号であることがわかるようにしてあることがポイントです。行番号であることは、そのあとのコードで Cells の行に指定していることからわかるので、今回はコメントには直接記述しませんでした。もちろん、行番号であることを盛り込んでも構いません。

カウンタ変数 srcRwSales はここが初出です。For...Next ステートメントに使っているので、カウンタ変数であることはすぐにわかりますが、転記元行番号なのかは、変数名を書き換えたとはいえ、今ひとつわかりづらい面は否めません。どのような役割の変数なのかがわかるよう、コメントで補足しておいたほうがより親切です。そのコメントはここではなく、変数 dstRwSales と同じく、次章で追加する宣言のコードに記述するとします。

次の If ステートメント（13 行目）では、請求書作成対象の顧客の売上データの抽出を行っているのでした。表の各売上データの顧客（ワークシート「売上」の B6 ～ B27 セルの値）が、作成対象の顧客（ワークシート「売上」の B3 セルの値）と等しいか判定しています。そして、もし作成対象の顧客なら、If ステートメントの中に入って転記処理を行うのでした。その判定の要旨をコメントに記しましょう。今回は以下とします。

第4章　コメントを入れよう

```
'作成対象の顧客なら転記
If Worksheets("売上").Cells(srcRwSales, 2).Value _
            = Worksheets("売上").Range("B3").Value Then
```

　コードの後ろに記述してもよいのですが、コード全体が横に長くなってし
まうので、1行コメントとしました。
　また、具体的にどのワークシートのどのセルとどのセルを比較しているの
かは、このコードならIfステートメントの条件式を読めばわかるので、その
旨はコメントに残さなくても問題ないでしょう。もし、わかりづらいセル同
士を比較していたり、複雑なロジックで判定しているような条件式なら、コ
メントで補足するとよいでしょう。

似たようなコードをコメントで区別する

　次はIfステートメントの中のコードにコメントを入れましょう。まずはセ
ルのValueプロパティの代入によって転記を行っているコードです。16 ～
25行目にわたり、日付、商品名、単価、数量、小計を転記するコードが5
つ並んでいます。
　セルのデータを転記していることはコードを読めばわかりますし、その前
のIfステートメントで入れたコメントにも「転記」と記してあります。一方、
5つある似たようなコードでそれぞれ、どのデータを転記しているのかは、
ワークシート「売上」および「請求書」の表の構成を見つつ、コードをよく読
まないとわかりません。そこで、5つのコードがそれぞれのどのデータを転
記しているのかがわかるよう、各々のコードの後ろにをコメントを入れま
しょう。

```
Worksheets("請求書").Cells(dstRwSales, 1).Value _
        = Worksheets("売上").Cells(srcRwSales, 1).Value '日付
Worksheets("請求書").Cells(dstRwSales, 2).Value _
        = Worksheets("売上").Cells(srcRwSales, 3).Value '商品名
Worksheets("請求書").Cells(dstRwSales, 3).Value _
        = Worksheets("売上").Cells(srcRwSales, 4).Value '単価
```

```
Worksheets("請求書").Cells(dstRwSales, 4).Value _
    = Worksheets("売上").Cells(srcRwSales, 5).Value '数量
Worksheets("請求書").Cells(dstRwSales, 5).Value _
    = Worksheets("売上").Cells(srcRwSales, 6).Value '小計
```

　各コードの後ろに、「日付」などデータの項目名をコメントとして入れただけです。転記していること自体はコードの内容、およびIfステートメントのコメントでわかるので、項目名だけで十分でしょう。たったこれだけのコメントで、コードがずいぶん理解しやすくなったのが実感していただけたでしょうか？

「コードを読んだまま」のコメントはNG

　27行目のコード「dstRwSales = dstRwSales + 1」に着目してください。Ifステートメントの中の最後のコードになります。1-3節で紹介したとおり、転記先の行を1つ進める処理になります。その旨をコメントに記しましょう。

```
dstRwSales = dstRwSales + 1 '転記先の行を1つ進める
```

　ここで、「変数dstRwSalesを1増やす」といったコメントを入れないように注意しましょう。コード「dstRwSales = 10」のときと同じですが、読んだままをコメントにしても理解しやすくはならないため、まったく意味がありません。

削除してはいけない処理もコメントしておこう

　最後のコードは「Worksheets("請求書").Activate」(31行目)です。作成した請求書のワークシートを表示する処理です。1-3節で紹介したように、「請求書を作成したら、すぐに見てチェックしたくなるよね」という考えで設けた処理です。

　特になくても大きな問題のない処理であり、請求書作成後にワークシート「請求書」を表示していることはコードを見ればすぐにわかるでしょう。そこで今回はコメントなしとします。もちろん、この処理を設けた考えをコメントに記しても構いません。

第 4 章　コメントを入れよう

　ワークシートやブックを Active メソッドで切り替えて表示する（アクティ
ブにする）処理はほかのプログラムでもしばしば登場します。そのコメント
で注意したいのが、削除してはいけないなら、その旨を記しておくことです。
　アクティブにする処理はあとから見直した際、ついつい不要と思って削除
したくなりがちです。本書のサンプルでは "オマケ" 的な処理であり、削除
しても大きな問題は起きません。しかし、別のプログラムでは、処理手順に
よってはアクティブにしないと、正しく動かないケースも出てくるでしょう。
その場合は削除してはいけないことをコメントで明記しておきましょう。こ
のことはほかの処理でも同様です。

プロシージャ全体にもコメントをつける

　前節では、本書サンプルの Sub プロシージャ「makeInvoice」の中身のコー
ドを上から順に見つつ、コメントを入れていきました。コメントがまったく
ない状態に比べて、ずいぶん理解しやすくなったかと思います。本節では、
コメントをもう少々追加したり調整したりして、さらに理解しやすくしてい
きましょう。
　まずは Sub プロシージャの冒頭部分に、プロシージャ全体に関するコメ
ントを追加するとします。プロシージャ名は変更して処理内容を把握しやす
くしたとはいえ、どのようなプロシージャなのかが容易にわかるような説明
があると、より親切というものです。

```
' 請求書を作成
Sub makeInvoice()
```

　今回はシンプルなコメントにとどめましたが、引数ありの Sub プロシー
ジャ、戻り値もある Function プロシージャが複数登場するような規模の大
きなプログラムの場合、各プロシージャの冒頭にコメントとして、必要な情
報を記しておきたいものです。

- プロシージャの名前や機能の概要
- 引数と戻り値について、どのような値をどう扱っているのか

4-3　ポイントとなる箇所にコメントを入れよう

　さらに、一度作成した後にコードの追加・変更を行ったのなら、その履歴も残しておくとより良いでしょう。

4-3

ポイントとなる箇所にコメントを入れよう

プログラムの大きな構成をコメントで示そう

　ここまでコメントを入れてきたコードは、4-1節で解説したコメントを入れるとよい箇所のうち、「Ⓐコードを読んでもわからない処理内容の箇所」のみでした。ここからは「Ⓑ読めばわかるが、ポイントとなる処理内容の箇所」のコメントも少々入れてみましょう。プログラムの構成や処理の大きな流れといった全体像の把握を助けるコメントです。

　その際、プログラムの大きな構成がわかるコメントを入れるとします。大きな構成は1-3節で紹介したように、「宛名と日付の作成」と「売上データの抽出・転記」、「作成した請求書のワークシートを表示」の3つに分かれているのでした。そのことをコード内にコメントとして入れることで、全体像をより把握しやすくしてみましょう。ここでは、先にコメントを追加し終わった状態のコード全体を提示します。

```vb
'―――― 宛名と日付の作成 ――――        ←
Worksheets("請求書").Range("A3").Value _
    = Worksheets("売上").Range("B3").Value '宛名

'日付。作成(実行)した日にすべくDate。TODAY関数だと開いた日に。
Worksheets("請求書").Range("E3").Value = Date


'―――― 売上データを抽出・転記 ――――  ←
'請求書の表を先に消去。前回転記したデータが残るのを防ぐため
```

87

第4章　コメントを入れよう

```
Worksheets("請求書").Range("A10:F19").ClearContents
dstRwSales = 10 '転記先行番号を請求書の表の先頭に設定

For srcRwSales = 6 To 27 '転記元の表の先頭～末尾を処理
    If Worksheets("売上").Cells(srcRwSales, 2).Value _
        :
    End If
Next


'---- 後処理 ----          ←
Worksheets("請求書").Activate
```

　追加したコメントは←の3ヵ所です。大きな構成の区切りとなる箇所に入れています。3つともコメントの文言の前後に「----」が記述してあります。

　この「----」はVBAの文法上必要なものでも何でもなく、筆者が決めて記述したものです。大きな構成の区切りであり、ほかのコメントとは階層が違うことを表すため、「----」を入れて体裁を変えたのです。もちろん「----」でなくともまったく問題なく、どのような記号をどう組み合わせるかは自由です。

　このようにコメントの体裁を変えて、大きな構成の区切りがコード上でわかるようにすることは、分量の多い規模の大きなコードになるほど効果を発揮します。

　また、3つ目は「後処理」という表現にしてあります。1-3節では「作成した請求書のワークシートを表示」と提示しましたが、いわば請求書を作成した後の付随的な処理と言えます。今後そのような処理が増える可能性も考慮して、「後処理」という表現にしました。

　さらに3つのコメントの前は空行を2行にしています。あえて2行空けることで、大きな区切りであることを強調しています。

コメントを整えて全体の見通しをよくする

　さらにもう一手間加えてみましょう。For...Nextステートメントの箇所に

もコメントを入れるとします。なくても大きな問題はないのですが、For...Nextステートメント全体が何をしているのか、補足を入れておくことで、全体の見通しをより良くするためです。

今回は「抽出・転記処理の本体」という文言の1行コメントを、「For srcRwSales = 6 To 27」の上に記述するとします。

```
'抽出・転記処理の本体
For srcRwSales = 6 To 27 '転記元の表の先頭から末尾を処理
```

加えて、変数dstRwSalesに関するコメントも整えてみます。転記先行番号を10で初期化するコード「dstRwSales = 10」の箇所です。

```
'請求書の表を先に消去。前回転記したデータが残るのを防ぐため
Worksheets("請求書").Range("A10:F19").ClearContents
dstRwSales = 10 '転記先行番号を請求書の表の先頭に設定
```

現時点では、すぐ上のコード「Worksheets("請求書").Range("A10:F19").ClearContents」の下に続けて記述してあります。なおかつ、すぐ上のコードは1行コメントになっています。そのため、「dstRwSales = 10」がすぐ上のコードと一体化した印象となり、請求書の表を先に消去する処理の一環と誤解されてしまう恐れがあります。

そこで、コード「dstRwSales = 10」のコメントを1行コメントに変更し、なおかつ、すぐ上のコードの間に空行を挿入するよう変更してみましょう。

```
'請求書の表を先に消去。前回転記したデータが残るのを防ぐため
Worksheets("請求書").Range("A10:F19").ClearContents

'転記先行番号を請求書の表の先頭に設定
dstRwSales = 10
```

これで前述のような誤解を生む恐れを大幅に減らすことができました。

変数dstRwSalesを扱っているコードはほかに「dstRwSales = dstRwSales + 1」もあり、ここも1行コメントにするのも手です。このプ

第4章　コメントを入れよう

ログラムの処理手順においては、変数dstRwSalesがキモとなっているので、より強調するためですが、今回は1行コメント化は見送るとします。

　本章で入れるコメントはここまでとします。コード全体を提示しておきます。コメントがゼロのコードと改めて比較してみると、理解しやすさが大幅に向上したことが実感できるでしょう。また、前章で触れた「プロシージャ名や変数名に日本語を使うと、コメントと混同しがちになる」ことも、容易に想像できるかと思います。

▶ リスト　コメントが入ったコード

```
'請求書を作成
Sub makeInvoice()
    '---- 宛名と日付の作成 ----
    Worksheets("請求書").Range("A3").Value _
        = Worksheets("売上").Range("B3").Value '宛名

    '日付。作成(実行)した日にすべくDate。TODAY関数だと開いた日になる
    Worksheets("請求書").Range("E3").Value = Date


    '---- 売上データを抽出・転記 ----
    '請求書の表を先に消去。前回転記したデータが残るのを防ぐため
    Worksheets("請求書").Range("A10:F19").ClearContents

    '転記先行番号を請求書の表の先頭に設定
    dstRwSales = 10

    '抽出・転記処理の本体
    For srcRwSales = 6 To 27 '転記元の表の先頭から末尾を処理
        '作成対象の顧客なら転記
        If Worksheets("売上").Cells(srcRwSales, 2).Value _
                = Worksheets("売上").Range("B3").Value Then
            Worksheets("請求書").Cells(dstRwSales, 1).Value _
                = Worksheets("売上").Cells(srcRwSales, 1).Value '日付
            Worksheets("請求書").Cells(dstRwSales, 2).Value _
                = Worksheets("売上").Cells(srcRwSales, 3).Value '商品名
            Worksheets("請求書").Cells(dstRwSales, 3).Value _
```

4-3 ポイントとなる箇所にコメントを入れよう

```
            = Worksheets("売上").Cells(srcRwSales, 4).Value '単価
        Worksheets("請求書").Cells(dstRwSales, 4).Value _
            = Worksheets("売上").Cells(srcRwSales, 5).Value '数量
        Worksheets("請求書").Cells(dstRwSales, 5).Value _
            = Worksheets("売上").Cells(srcRwSales, 6).Value '小計

        dstRwSales = dstRwSales + 1 '転記先の行を1つ進める
      End If
    Next


    '---- 後処理 ----
    Worksheets("請求書").Activate
End Sub
```

　今回の解説には登場しませんでしたが、ほかにコメントとして記される
ケースが多いものは下記です。

- **現時点で端折っている処理（エラー対処、定数化など）**
- **現時点での欠陥（速度が遅いなど）**
- **あとで追加したい新機能など、etc**

　注意点や今後のアイディアなどになります。読者の皆さんが自分でプログ
ラムにコメントを入れる際、参考にしてください。

COLUMN

コメントから先に書くVBAプログラミングも有効

　コードをゼロから記述する際、先にコメントから書くのも有効です。必
要な処理をコメントとしてあらかじめ書いておき、あとから具体的な命令
文のコードを追加していくのです。プログラム全体の構成が把握しやす
かったり、必要な処理を追加し忘れるのを防いだりするなどのメリットが
得られます。その際、大きな構成の区切りのコメントは体裁を変えるワザ
なども併用するとよいでしょう。

第 4 章　コメントを入れよう

第 **5** 章

変数は必ず宣言して使おう

第5章　変数は必ず宣言して使おう

5-1

なぜ変数を宣言するのか

変数宣言のキホンをおさらいしよう

　本章では「変数の宣言」を学びます。変数の宣言とはザックリ言えば、「これからこういう名前の変数を使いますよ」とプログラムに"教えてやる"ことです。今まで宣言しなくてもプログラムはちゃんと動いていたのに、わざわざ宣言する理由は何なのかは、このあとすぐに解説します。先に宣言のコードの書き方をおさらいしましょう。

　VBAには、変数の宣言のため専用のDimステートメントが用意されているので、それを用いて変数を宣言する命令文を記述します。書式は次のとおりです。

▶ **書式**

```
Dim 変数名
```

　たとえば、「boo」という名前の変数なら、以下のように記述します。これでプログラムに、これから「boo」という名前の変数を使いますよ、と明示することができます。

```
Dim boo
```

　変数の宣言の命令文は、必要な変数の数だけ記述します。その際、複数の変数の宣言を1行のコードにまとめることもできます。書式は次のとおりです。変数名を「,」(カンマ)区切りで並べていきます。

▶ **書式**

```
Dim 変数名1,変数名2.変数名3 ……
```

94

変数を宣言するコードを記述する場所は、大きく分けて2つのスタイルがあります。

- **プログラムの冒頭**
- **利用する直前**

1つ目は、プログラムの冒頭部分にまとめて記述するスタイルです。ここでいう「プログラムの冒頭」とは、プロシージャレベル変数ならプロシージャの冒頭、モジュールレベル変数ならモジュールの冒頭になります。変数の宣言が冒頭にまとめられているので、どのような変数がいくつ使われているのか、冒頭部分だけを見れば把握できるといったメリットがあります。

2つ目は、変数を利用する直前に記述するスタイルです。たとえば、For...Nextステートメントのカウンタ変数なら、そのFor...Nextステートメントの直前の行で宣言します。このスタイルだと、変数をチェックする範囲を最小化できるメリットがあります。どういうことかというと、たとえば不具合が発生し、変数がどこでどのように使われているのかチェックしたい際、使う直前で宣言されていれば、それ以前のコードではその変数は使われていないことになり、チェックの対象範囲から外せるので、より効率よく変数を調べられるなどです。

▶ **図5-1　変数を宣言する場所**

第 5 章　変数は必ず宣言して使おう

　デメリットはお互いのメリットの裏返しです。1 つ目のスタイルだと、毎回冒頭に戻って確認する手間がかかります。2 つ目のスタイルは、変数の数が多いと、どのような変数がいくつ使われているのか、バラバラの箇所で宣言されているので、探すのに苦労します。

　このようにメリット／デメリットはそれぞれなので、どちらのスタイルを採用しても構いません。VBA の世界では長らく 1 つ目のスタイルが主流でしたが、近年は 2 つ目のスタイルもよく使われるようになりました。本書では 1 つ目のスタイルを採用するとします。読者の皆さんは今後、自分でVBA のプログラムを作る際は好みのパターンを用いてください。

COLUMN

プロシージャレベル変数とモジュールレベル変数

　プロシージャレベル変数とモジュールレベル変数の違いは主に、本節で述べた宣言場所に加え、有効範囲と値を保持する期間の 2 点があります。

　有効範囲は言い換えると、変数を使える範囲になります。プロシージャレベル変数は宣言したプロシージャの中でしか使えません。一方、モジュールレベル変数は宣言したモジュール内のどのプロシージャでも使えます。このことは変数名にも関係しており、プロシージャレベル変数はプロシージャが異なれば同じ変数名が使えますが、モジュールレベル変数は使えません。

　2 つ目の違いである値を保持する期間は、プロシージャレベル変数はそのプロシージャが実行されている間のみ保持されます。そのため、何度か呼び出されるプロシージャの場合、その中のプロシージャレベル変数の値は毎回リセットされます。一方、モジュールレベル変数はそのプログラム（マクロ）が実行されている間ずっと保持されます。

　両者の使い分け方ですが、基本的には有効範囲の狭いプロシージャレベル変数を用い、異なるプロシージャ間で共有するデータを扱う必要がある場合のみ、モジュールレベル変数を使うとよいでしょう。

　モジュール全体で使えるモジュールレベル変数は一見便利ですが、それだけ不具合を出す危険が増してしまうので注意しましょう。有効範囲の広さゆえに、コードの思わぬ箇所で不適切に値を変更したまま気づかない恐れが高まりますし、そうした不具合が発生した場合の原因箇所を特定する際にも苦労します。

変数を宣言すべき2つの理由

そもそも、なぜ変数を宣言するのでしょうか？

VBAの文法としては、変数の宣言は必須ではありません。目的の変数名をコードにいきなり記述すれば、その時点からその変数を使うことができます。そのことは前章までの本書サンプルsample1.xlsmのコードにて、変数srcRwSales（名前変更前は「b」）やdstRwSales（名前変更前は「a」）を見てもおわかりかと思います。両変数とも、代入の処理やFor...Nextステートメントのカウンタ変数といったコードの中に、必要となった箇所でいきなり記述して使われています。

必須でないにもかかわらず宣言する理由は主に2つあります。

- 理解しやすくする
- 変数名の記述ミスを未然に防ぐ

▶ 図5-2　変数を宣言してから利用すべき2つの理由

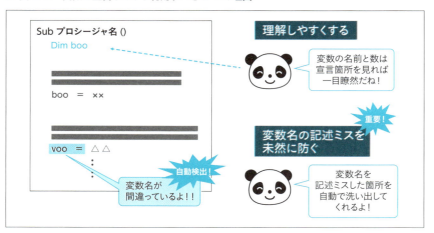

1つ目は、コードをより理解しやすくするためです。プログラムの中にどのような名前の変数がいくつ使われるのか、冒頭で宣言していれば、そこを見るだけで把握できます。宣言せずに、必要となった箇所でいきなり記述し

第 5 章　変数は必ず宣言して使おう

て使い始めると、そのような把握に苦労するでしょう。変数の数が多ければ多くなるほど、宣言するメリットは大きくなります。

　2つ目が、変数名の記述間違いを未然に防ぐためです。この理由が実は非常に大事であり、1つ目の理由に比べて重要度は何倍も大きいです。

　変数の宣言はミスの恐れを最小化することに特化したような仕組みです。変数名をいきなり書けば変数を使えるということは手軽な反面、実はリスクも潜んでいます。たとえば、変数「boo」を一度記述して使い、その後に再び使おうとして、その変数名を記述するとします。その際、もしタイプミスをして、「voo」という異なる変数名を記述してしまったとします。「v」は「b」のすぐ左隣のキーですし、発音もブーなので、十分ありえるタイプミスです。

　いったいどうなるでしょうか？ 1つの変数booを使い続けるつもりが、途中から変数vooが新たに紛れ込み、本来変数booを処理に使いたい箇所で、まったく別の変数vooが代わりに使われることになります。そうなると当然、プログラムを実行してもうまく動いてくれず、意図どおりの結果が得られないか、実行時エラーで止まってしまうでしょう。

　このように、意図せずに変数名の記述間違いをしてしまうと、なかなか気づかないものです。特に変数が多く使われていたり、分量自体が多かったりするコードの場合、うまく動かない原因がなかなかわからず、長時間悩んでしまうものです。逆に実行時エラーが出ない場合は、処理結果が狂っていることに気づかないまま実運用を迎える危険性もあります。

　そこで、変数の使用を宣言しないと変数を使えないようにすることで、そのようなトラブルを未然に防ぎます。

宣言していない変数を強制的に使えないようにする

　VBAでは、宣言していない変数を強制的に使えなくすることができます。変数を宣言しないまま、代入などのコードを記述した状態では、プログラムを実行しようとすると、「この変数は宣言されていないから使えませんよ！」とVBEがエラーを出して、実行をストップします。そのため、変数名をタイプミスしてしまい、別の名前の変数が意図せず紛れ込んでいても、自動的に洗い出してくれるのです。

しかも、宣言されていない変数の箇所をコードウィンドウ上で、ハイライトして強調表示してくれるので、どこにどのような名前の意図せぬ変数が紛れ込んでいるのか一目瞭然となります（次節で実際に体験していただきます）。

ただし、そのためにはVBAのルールとして、宣言のコードに加えて、もう一手間必要です。「Option Explicit」ステートメントを記述しなければなりません。標準モジュールのModule1など、モジュールの冒頭部分で、プロシージャの外側の領域にそのまま「Option Explicit」と記述します。

▶ **図5-3　Option Explicitステートメントの記述位置**

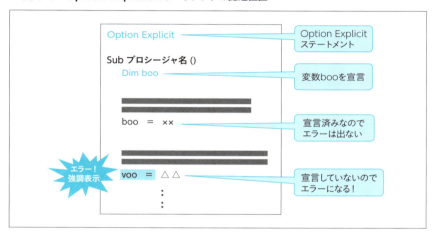

このOption ExplicitステートメントとDimステートメントをセットで使うことで、宣言していない変数を強制的に使えないようにできるのです。

なお、Option Explicitステートメントを記述する領域は専門用語で「宣言セクション」と呼ばれます。モジュールレベルの変数を宣言したり、定数を定義したりするコードもそこに記述します。

このOption Explicitステートメントは、自動的に挿入するように設定できます。詳しくは次ページのコラムをご覧ください。自動挿入すると、変数名の記述間違えのリスクをより低減できるでしょう。

第5章　変数は必ず宣言して使おう

COLUMN

Option Explicitを自動で挿入するには

　Option Explicitステートメントを毎回いちいち記述するのはメンドウなもの。実はVBEの設定を変更すれば、自動で挿入できます。

・①VBEのメニューバーの［ツール］→［オプション］をクリック

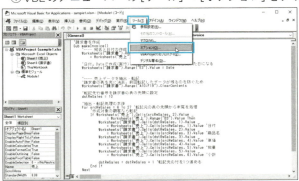

・②「オプション」画面が表示される。［編集］タブの［変数の宣言を強制する］にチェックを入れ、［OK］をクリック

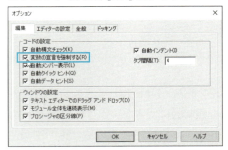

　これで、「Option Explicit」がモジュール冒頭に自動で挿入されるようになります。なお、自動で挿入されるのは、上記設定後に新規作成したモジュールに対してのみであり、既存のモジュールには自動挿入されません。

5-2 本書サンプルで変数を宣言してみよう

5-2

本書サンプルで変数を宣言してみよう

2つの変数を宣言するコードを追加

それでは、本書サンプルsample1.xlsmのコードで、変数を宣言してみましょう。変数はsrcRwSalesとdstRwSalesの2つが使われていますが、現在のコードはいきなり変数名を記述して使っています。この状態から、Subプロシージャ「makeInvoice」の冒頭部分に、両変数を宣言するコードを追加しましょう。

具体的なコードは以下になります。前節でおさらいしたとおり、Dimステートメントを使います。Dimステートメントは1行のコードにまとめることもできますが、今回は変数ごとに1行のコードとして記述するとします。

```
Dim srcRwSales
Dim dstRwSales
```

そして、忘れてはいけないのがOption Explicitステートメントです。モジュール冒頭の宣言セクションに記述します。繰り返しになりますが、必ずDimステートメントとセットで使います。また、仮に前節末のコラムで自動挿入の設定をしても、新規作成のモジュールではないので、自分で記述しなければなりません。

```
Option Explicit
```

それでは下記のように、sample1.xlsmのコードにて、モジュール冒頭にOption Explicitステートメント、Subプロシージャ「makeInvoice」の冒頭に2つの変数を宣言するコードを追加してください。加えて、4章の4-2節で触れたように変数宣言のコードには、各変数の役割などをコメントとして併記しましょう。コメントの内容は今回、以下とします。宣言のコードを

101

第 5 章　変数は必ず宣言して使おう

変数ごとにしたのは、主にコメントを入れるためです。

　また、変数を宣言するコードの下には、空行を入れるとします。変数を宣言するコードと、実際に請求書を作成する処理のコードの始まりを、より区別できるようにするためです。

▶ リスト　変数の宣言を追加したコード

```
Option Explicit

'請求書を作成
Sub makeInvoice()
    Dim srcRwSales '売上データの転記元行番号
    Dim dstRwSales '売上データの転記先行番号

    '---- 宛名と日付の作成 ----
    Worksheets("請求書").Range("A3").Value _
        = Worksheets("売上").Range("B3").Value '宛名
        :
```

　コードに変更を加えたので、念のため動作確認しておくとなおよいです。追加したコードはすべて変数の宣言にまつわるものであり、何か機能を追加・変更・削除したわけではないので、前章までと同じ結果が得られるはずです。

わざと誤った変数名で試してみよう

　ここで試しに、宣言していない変数が本当にエラーで自動的に洗い出されるか、疑似体験してみましょう。わざと誤った変数名に一時的に変更して実行してみます。

　では、21 行目のコード「dstRwSales = 10」にて、変数名を以下のように誤った名前「fstRwSales」に変更してください。変数名の先頭の「d」を、右隣のキーである「f」にタイプミスしたという想定です。

```
dstRwSales = 10
```

```
fstRwSales = 10
```

　変更したら、実行してみてください。「コンパイルエラー　変数が定義されていません」というエラーメッセージが表示されます。同時にコードウィンドウ上では、変数「fstRwSales」の該当箇所がハイライトされたかと思います。

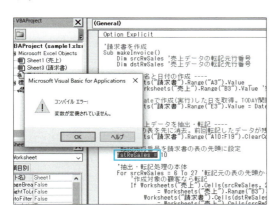

　変数fstRwSalesは、Dimステートメントによって宣言されていない変数です。Option Explicitステートメントが記述されているため、宣言されていない変数fstRwSalesがこのようにコンパイルエラーとなって洗い出されたのです。
　このように、宣言されていない変数がどのような名前で、どこに紛れ込んでいるのか、一目でわかります。そのため、タイプミスなどで意図しない名前の新たな変数が紛れ込むトラブルを未然に防げるのです。
　確認できたら、忘れずに変数fstRwSalesを元のdstRwSalesに戻してください。必ず戻しておかないと、以降でコンパイルエラーになってしまうで注意しましょう。

第 5 章　変数は必ず宣言して使おう

```
fstRwSales = 10
```
↓
```
dstRwSales = 10
```

5-3 変数を宣言したことによる補完機能

記述の間違いをもっと早く知るには

　先ほどsample1.xlsmにて、ワザと記述間違いした変数fstRwSales（正しい変数名はdstRwSales）が自動で洗い出されたタイミングは、プログラムを実行した際でした。実はそのもっと前のタイミングでも、宣言していない変数を洗い出すことができます。変数を記述した直後になります。

　実はDimステートメントで宣言した変数は、変数名に使われているアルファベットの大文字小文字を宣言時とは異なるように入力しても、別の行のコードに移動した際、VBEが自動で修正してくれます。たとえば変数dstRwSalesなら、本節で行ったように宣言してあれば、「dstrwsales」のようにすべて小文字、あるいは「DSTRWSALES」のようにすべて大文字、「dsTRwsAleS」のように大文字小文字をランダムに入力しても、別の行に移動すれば「dstRwSales」に自動で修正されます。これも変数を宣言する恩恵のひとつです。

・ 大文字小文字の自動修正の例

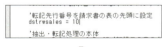

別の行に移動すると…　　「R」と「S」が自動的に大文字に修正された

注意してほしいのが、この大文字小文字の自動修正機能は、変数名の綴りが宣言したものと同じでなければ働きません。たとえば変数dstRwSalesを「dstrwsalez」とスペルミス（最後が「s」ではなく「z」に間違えている）すると、別の行に移動しても自動修正してくれません。

- **スペルミスで自動修正されない例**

このことを逆手にとって、変数の入力間違いの検出に利用することもできます。本書サンプルのように変数名をキャメルケースで宣言している場合、入力時はすべて小文字にすれば、別の行に移動した際、もしスペルミスを犯していれば、大文字小文字が自動修正されないのでわかります。入力時に[Shift]キーで大文字を入力する手間も省けるので一石二鳥です。

スネークケースでも、たとえば小文字と「_」のみで変数名にしたなら、入力時は1文字以上を大文字にすれば、入力間違いを検知できます。キャメルケースでもスネークケースでもない場合でも同様です。仮に変数名をすべて小文字で宣言しても、入力時はすべて大文字、または一部大文字を交えれば、入力間違いを自動修正で検知できます。

なお、この機能はOption Explicitステートメントが記述されていなくても利用することができます。プログラムを実行しなくても、コード記述中に別の行に移動した直後に変数の入力間違いがその場で判明するので、より効率的にコーディングできるため、ぜひとも活用しましょう。

入力補完で変数名の記述ミスを減らす

変数の宣言をしていると、記述間違いを減らせる便利なワザがほかにも使えるようになります。どのようなワザかというと、変数名の入力を半自動化

第5章　変数は必ず宣言して使おう

できるというものです。

　具体的な使い方は、変数名の最初の何文字かを入力したあと、Ctrl＋Space キーを押します。すると、入力候補となる変数名などがポップアップで一覧表示されます。あとは目的の変数名に上下矢印キーで移動し、Enter キーまたは Tab キーを押せば、残りのスペルもまとめて変数名を入力できます。もしくは目的の変数名をマウスでダブルクリックしても入力できます。

　実例を紹介しましょう。たとえばsample1.xlsmの変数srcRwSalesなら、1文字目の「s」を入力して Ctrl ＋ Space キーを押します。

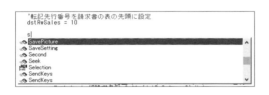

　入力候補がポップアップで表示されるので、「srcRwSales」に移動して Enter キーを押せば入力できます。

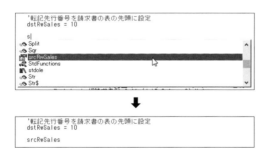

　このように変数名の最初の1文字さえ入力すれば、残りのスペルは自動でまとめて入力してくれるので、スペルミスを防げるうえに、入力効率も大幅にアップします。

　なお、先ほどの手順では、入力候補上で目的の変数名「srcRwSales」に移

動するのは、候補がたくさんある関係で少々大変です。そこで、入力候補が表示された状態で、2文字目の「r」を入力すれば、「sr」から始まる語句にジャンプするので、「srcRwSales」をより探しやすくなります。

　さらには、「sr」から始まる語句は変数srcRwSalesしかないため、「sr」まで入力してから、Ctrl + Space キーを押せば、入力候補が表示されることなく、すぐさま「srcRwSales」が自動入力されます。このように最初の何文字を入力してから Ctrl + Space キーを押すのかは、入力したい語句に応じて調整するとよいでしょう。

　また、入力候補には変数名のみならず、オブジェクトやVBA関数、組み込み定数なども表示されます。たとえばよく使う「Range」や「Cells」、「Worksheets」などは、このショートカットキーをうまく利用して、スペルミスなく効率よく入力しましょう。

5-4

変数宣言時にデータ型も指定しよう

データ型を指定すべき2つの理由

　前節までに、変数の宣言を学び、本書サンプルsample1.xlsmに宣言のコードを追加しました。本節では、変数の「データ型」を学びます。

　データ型とはザックリ言えば、変数に入れるデータの種類です。種類とはたとえば、数値や文字列などです。変数を宣言する際、このデータ型も指定することで、「この変数はこの種類のデータを入れて使うよ」とプログラムに"教えてやる"ことです。

　VBAのルールとしては、変数の宣言と同様、データ型は指定しなくてもコンパイルエラーや実行時エラーにはならず、プログラムは動作します。実際、前節までは変数のデータ型を指定しなくても、プログラムはちゃんと動いていました。それなのに、わざわざ指定する理由は何でしょうか？　以下

107

の2つの理由があります。

- 理解しやすくするため
- データの代入ミスを防ぐため

まずはより理解しやすくするためです。プログラムの中で使われている変数が、どんな種類のデータを入れて使うのか、宣言のコードを読めば把握できます。もし、変数宣言の際にデータ型が指定されていなければ、実際にデータが代入されるコードが登場する箇所まで読み進めなければ把握できないでしょう。

2つ目の理由は、不適切な種類のデータを代入するミスを防ぐためです。実はVBAでは、宣言の際に指定したデータ型と異なるデータを代入しようとすると、自動でエラーを出してくれます。たとえば、「この変数は数値を入れて使うよ」と宣言時にデータ型を指定しておけば、文字列を代入するコードを誤って記述しても、実行した際に実行時エラーの画面およびメッセージ「型が一致しません」が表示され、該当箇所を自動的に洗い出してくれます。このように意図しない種類のデータが誤って代入されることを防げるのです。

▶図 5-4　データ型を指定する理由

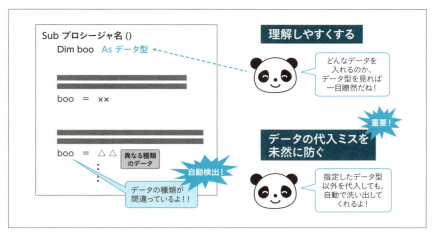

データ型を指定しないとどうなる？

　データ型を指定しないと、どのような弊害があるのでしょうか？ 改めて思い出していただきたいのですが、本書サンプルsample1.xlsmのコードでは、5-2節まで2つの変数（srcRwSales、dstRwSales）ともデータ型を指定していませんでした。その際、データ型はどのように扱われていたのでしょうか？

　VBAではデータ型を指定しないと、その変数は「Variant」というデータ型と見なされます。Variant型はどんな種類のデータも格納できる型です。整数でも小数でも、文字列、日付時刻、True／False、はたまたオブジェクトなど、あらゆるデータを入れて使える"万能型"の便利なデータ型です。

　sample1.xlsmの2つの変数srcRwSalesとdstRwSalesも、5-2節まではデータ型を指定していないため、Variant型の変数と見なされます。Variant型のままでも、5-2節までに動作確認したように、プログラムの動作としてはまったく問題ありません。そのため、データ型を無理して指定しなくとも、指定せずにすべてVariant型の変数を使っても、実用上は問題ありません。

　ただ、どのような種類のデータを入れる変数なのかが明確で、ミスした際に実行時エラーで知らせてもらうメリットを享受するためにも、データ型はなるべく指定することをオススメします。

なるべく毎回指定しておきたいデータ型

　データ型を指定するコードの書き方をおさらいしましょう。Dimステートメントによる宣言のコードに後ろに、Asキーワードに続けて、データ型を記述します。

▶ **書式**

```
Dim 変数名 As データ型
```

　データ型は複数種類ありますが、最低限知っておけばよいデータ型は表の

第5章　変数は必ず宣言して使おう

2つです。

▶ 表　最低限知っておきたいデータ型

データ型	名称	データの種類
Long	長整数型	整数
String	文字列型	文字列

このLong型とString型を抑えておけば、たいていのプログラムでは用が足りてしまうでしょう。たとえば、変数booを整数しか格納できないよう宣言するなら、データ型のLongを用いて、次のように記述します。

```
Dim boo As Long
```

なお、本節の最初のほうでは「数値」という表現を使いましたが、Long型は「整数」です。数値には整数以外に小数があります。Long型以外の数値を扱うデータ型については、次項で簡単に紹介します。

その他の主なデータ型

データ型の扱いに慣れてきたら、以下の表に示す3種類のデータ型も活用するとよいでしょう。

▶ 表　その他の主なデータ型

データ型	名称	データの種類
Double	倍精度浮動小数点型	小数
Date	日付型	日付・時刻（シリアル値）
Boolean	論理値	TrueまたはFalse

この3種類のデータ型は、作成するプログラムの中で扱うデータの種類に応じて、以下のように適宜用いるとよいでしょう。

110

- 小数を扱うなら Double 型
- 日付／時刻を扱うなら Date 型
- True または False のいずれかを入れるなら Boolean 型

ほかにも Byte 型や Integer 型などのデータ型がありますが、使う機会はあまりないので、本書では解説を割愛させていただきます。

5-5

本書サンプルでデータ型を指定してみよう

変数の宣言にデータ型の指定を追加する

データ型の基礎を学んだところで、さっそく本書サンプルで変数のデータ型を指定するようコードを追加しましょう。2つの変数 srcRwSales、dstRwSales はともに行番号であり、整数なので、Long 型が適しています。

では、宣言の Dim ステートメントの後ろに追加で、As キーワードに続けて Long を記述しましょう。コメントは特に追記しないとします。どのようなデータ型なのかはコードを見れば一目瞭然だからです。そのうえ、すでにコメントに「〜行番号」と書いてあるので、整数であることはすぐに想像できるでしょう。

```
'Option Explicit

'請求書を作成
Sub makeInvoice()
    Dim srcRwSales As Long '売上データの転記元行番号
    Dim dstRwSales As Long '売上データの転記先行番号
        :
```

ここでもコードに変更を加えましたので、念のため動作確認しておくとよ

111

いでしょう。

わざと誤ったデータ型で試してみよう

　ここで試しに、わざと変数にLong型以外のデータを代入するようにコードを変更し、ちゃんと該当箇所を自動的に洗い出してくれるのか確認してみましょう。今回は変数dstRwSalesについて、最初に10を代入して初期化するコード「dstRwSales = 10」(21行目)を、わざと誤って文字列を代入するよう変更してみましょう。文字列は何でもよいのですが「hoge」とします。では、以下のように変更してください。

```
' 転記先行番号を請求書の表の先頭に設定
dstRwSales = 10
```

⬇

```
' 転記先行番号を請求書の表の先頭に設定
dstRwSales = "hoge"
```

　変更できたら実行してみてください。すると、次の画面のような実行時エラー「型が一致しません」が表示されます。

　そして、実行時エラー画面の[デバッグ]を押すと、該当コードである「dstRwSales = "hoge"」の箇所が黄色くハイライトされます。

5-5 本書サンプルでデータ型を指定してみよう

先ほどわざと誤ったデータ型を代入するように変更した箇所が、ちゃんと洗い出されたことがわかります。このように不適切な種類のデータを代入するミスを防げるのです。

なお、実行時エラーであるため、洗い出した時点のコードまで処理が進むことになります。請求書のワークシートを見ると、宛名と日付の入力までが進んでいることがわかります。

113

第 5 章　変数は必ず宣言して使おう

　ちなみに、データ型を指定する「As Long」を追加する前の状態で、
「dstRwSales = "hoge"」を実行すると、次の画面のように、以下のコード
の箇所で実行時エラー「型が一致しません」で止まります。

```
Worksheets("請求書").Cells(dstRwSales, 1).Value _
    = Worksheets("売上").Cells(srcRwSales, 1).Value '日付
```

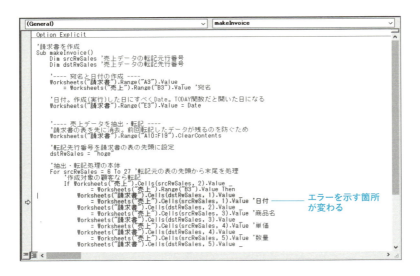

エラーを示す箇所が変わる

　このようにデータ型を指定しないと、実行時エラー「型が一致しません」
で止まることは止まるのですが、止まる箇所が「dstRwSales = "hoge"」で
はなく、そのあとのコードになる点が異なります。
　これでは、どの箇所のコードで不適切なデータ型のデータを代入したのか、
それ以前にどの変数が対象なのかもよくわからないため、このコードのどこ
をどう修正すればよいのか悩んでしまうでしょう。一方、先ほどデータ型を
指定した際はちゃんと、不適切なデータ型のデータを代入しているコードを
洗い出してくれるので、修正すべき箇所がすぐにわかります。
　確認は以上です。先ほど変更したコード 21 行目を元に戻しておきましょう。
忘れると以降で不具合と化してしまうので、必ず元に戻しておいてください。

5-5　本書サンプルでデータ型を指定してみよう

```
'転記先行番号を請求書の表の先頭に設定
dstRwSales = "hoge"
```

⬇

```
'転記先行番号を請求書の表の先頭に設定
dstRwSales = 10
```

COLUMN

実行時エラー「型が一致しません」の示すコードが変わった理由

　先ほどデータ型を指定しなかった場合の実行例で、なぜあの箇所で実行時エラーになったのか、興味のある方もおられると思います。ただ、少々難しい内容なので、読み飛ばしても構いません。

　このコードは変数dstRwSalesが初期化された後に、初めて使われるコードになります。変数dstRwSalesはCellsの第1引数に記述してあります。本来は行番号の整数を指定すべきにもかかわらず、変数dstRwSalesには文字列「hoge」が格納されているので、「型が一致しません」となったのです。たとえば、「Cells("hoge", 1).Value = 5」のようなコードを書いたのと同じ結果になります。

　ちなみに、Cellsの第2引数の列はご存じのとおり、列番号としてA列を1とする整数を指定するのですが、実は列番号のアルファベットの文字列を指定してもちゃんと動きます。たとえばA1セルなら、「Cells(1, "A")」と記述できます。

115

第5章　変数は必ず宣言して使おう

5-6

覚えておきたいオブジェクト変数のデータ型

オブジェクトを入れる変数のデータ型

　ここまで、"最低限知っておけばよいデータ型"として、Long型とString型を中心に解説をしてきました。それらに加えて、「オブジェクト変数」のデータ型もよく使われます。

　オブジェクト変数とは、オブジェクトを格納する変数です。次章で実際にsample1.xlsmに使っていきますが、ここで概要のみ学んでおきましょう。Long型とString型の次は、このオブジェクト変数のデータ型(以下、オブジェクト型)をマスターするとよいでしょう。

　オブジェクト型の種類は、セルのRangeオブジェクトをはじめ、オブジェクトの種類だけあります。そのため非常に多くの種類となります。ゆえに、すべて覚えるのは不可能なので、ひとまずは以下の表の3種類を抑えておき、あとは必要に応じて調べればよいでしょう。

▶ 表　最低限知っておきたいオブジェクト型

オブジェクト型	オブジェクトの種類
Range	セル
Worksheet	ワークシート(単体)
Workbook	ブック(単体)

　注意したいのが、一部のスペルです。Worksheetは単体のワークシートのオブジェクトを格納するゆえに、最後に複数形の「s」が付きません。普段、単体のワークシートのオブジェクトを取得する際は「Worksheets("Sheet1")」などと、最後にsが付くのですが、単体のワークシートのオブジェクトを入れる変数は「Worksheet」と、最後にsがないデータ型になります。

116

5-6　覚えておきたいオブジェクト変数のデータ型

　ブックも同様に、単体のブックのオブジェクトを取得する際は「Workbooks(sample1.xlsm)」などと、sが付く「Workbooks」を使いますが、変数のデータ型はsが付かない「Workbook」になります。なお、ワークシートもブックも、sが付くと単体ではなく、集合（コレクション）になります。

　Range型の変数は、For Each...Nextステートメントで指定した範囲のセルを順に処理していくプログラムなどでよく使われます。Worksheet型の変数はワークシートのオブジェクトの記述をまとめるのによく使われます。Workbook型の変数はブックの記述をまとめるのによく使われます。Worksheet型変数のみ、次章で実際に使っていただきます。Range型とWorkbook型の具体例は割愛させていただきます。

　ほかの種類のオブジェクト型については、作成したプログラムの処理で必要になった際、そのつど調べるというスタンスで問題ありません。

COLUMN

「どんな変数だっけ?」を素早く調べる

　VBEの機能として、変数を宣言しているコードの場所にジャンプするショートカットキーがあります。目的の変数の上でカーソルが点滅している状態で、Shift + F2 キーを押すと、宣言のコードにジャンプします。Shift + Ctrl + F2 キーを押すと、元の場所に戻ります。

```
Sub makeInvoice()
    Dim srcRwSales As Long '売上データの転記元行番号
    Dim dstRwSales As Long '売上データの転記先行番号

    '---- 宛名と日付の作成 ----
    Worksheets("請求書").Range("A3").Value
        = Worksheets("売上").Range("B3").Value '宛名

    '日付。作成(実行)した日にすべくDate。TODAY関数だと開いた日になる
    Worksheets("請求書").Range("E3").Value = Date

    '---- 売上データを抽出・転記 ----
    '請求書の表を先に消去。前回転記したデータが残るのを防ぐため
    Worksheets("請求書").Range("A10:F19").ClearContents

    '転記先行番号を請求書の表の先頭に設定
    dstRwSales = 10
```

確認したい変数名に
カーソルを合わせる

↓ Shift + F2 キーを押す

```
Sub makeInvoice()
    Dim srcRwSales As Long '売上データの転記元行番号
    Dim dstRwSales As Long '売上データの転記先行番号

    '---- 宛名と日付の作成 ----
    Worksheets("請求書").Range("A3").Value
        = Worksheets("売上").Range("B3").Value '宛名

    '日付。作成(実行)した日にすべくDate。TODAY関数だと開いた日になる
    Worksheets("請求書").Range("E3").Value = Date

    '---- 売上データを抽出・転記 ----
    '請求書の表を先に消去。前回転記したデータが残るのを防ぐため
    Worksheets("請求書").Range("A10:F19").ClearContents

    '転記先行番号を請求書の表の先頭に設定
    dstRwSales = 10
```

変数を宣言した行に
ジャンプ

第5章 変数は必ず宣言して使おう

↓ Shift + Ctrl + F2 キーを押す

```
Sub makeInvoice()
    Dim srcRwSales As Long '売上データの転記元行番号
    Dim dstRwSales As Long '売上データの転記先行番号

    '---- 宛名と日付の作成 ----
    Worksheets("請求書").Range("A3").Value _
        = Worksheets("売上").Range("B3").Value '宛名

    '日付。作成(実行)した日にすべくDate。TODAY関数だと開いた日になる
    Worksheets("請求書").Range("E3").Value = Date

    '---- 売上データを抽出・転記 ----
    '請求書の表を先に消去。前回転記したデータが残るのを防ぐため
    Worksheets("請求書").Range("A10:F19").ClearContents

    '転記先行番号を請求書の表の先頭に設定 ──── 元の行に戻る
    dstRwSales = 10
```

　ショートカットキーの替わりに、コードウィンドウ上で変数の部分を右クリック→[定義]でも宣言の場所にジャンプできます。ジャンプ後、任意の場所を右クリック→[元の位置へ移動]で、元の場所に戻ります。

　この機能の使いどころですが、たとえば、機能の追加・変更などでコードを読んでいる際、処理の中で使われている変数の役割は何なのか、どのようなデータを入れて使うのかなどを調べたいケースはしばしばあります。その際、上記ショートカットキーで宣言のコードにジャンプし、コメントやデータ型を確認しましょう。

　また、この定義を表示する機能は、プロシージャでも利用できます。プロシージャを呼びしている箇所と、定義している箇所を素早く行き来できます。

118

第 **6** 章

数値や文字列は定数に
置き換えよう

第 6 章　数値や文字列は定数に置き換えよう

6-1

なぜ数値や文字列を直接記述してはいけないのか

「異なる意味の同じ数値」はトラブルの原因

　本章では、定数の活用について学びます。1 章の 1-2 節（P.16）で解説した良いコードの 2 つの条件、「理解しやすい」と「整理されている」の双方に効果的な方法です。

　VBA の定数は大きく分けて 2 種類あります。VBA に最初から用意されている「組み込み定数」と、自分で任意の値と名前を指定できる「ユーザー定義定数」の 2 つです。前者はたとえば赤色を表す vbRed などです。本章では、後者のユーザー定義定数を活用することで、より理解しやすく、整理されたコードにしていく方法を順に解説していきます。以降、ユーザー定義定数を単に「定数」と表記します。

　そもそもなぜ定数を活用するのでしょうか。着目していただきたいのは、コード内に直接記述されている数値です。本書サンプル sample1.xlsm のコードを改めて見ると、数値が変数や定数に入れられず、"ベタ打ち" でそのまま記述されている箇所がいくつもあることに気づくでしょう。

　たとえば、21 行目の「dstRwSales = 10」には、「=」の右辺に数値の 10 が記述されています。24 行目の For…Next ステートメントの初期値に 6、最終値には 27 が記述されています。さらに If ステートメントでは、条件式および中の転記処理に登場する Cells の第 2 引数の列はすべて数値が記述されています。39 行目の「dstRwSales = dstRwSales + 1」にも、+ のうしろに 1 が記述されています。

　このようにコードの中に数値が直接記述されている状態は、実は「理解しやすい」と「整理されている」の両面で非常に良くないのです。

　その理由を、数値の「1」を例に解説します。sample1.xlsm のコードに数値の「1」は以下の 3 ヵ所に登場します。28 ～ 29 行目のコードは日付を転

120

記する処理であり、途中で改行しているコードになります。

- **28 行目：ワークシート「請求書」の列番号：1 列目（A 列）**

```
Worksheets("請求書").Cells(dstRwSales, 1).Value _
    = Worksheets("売上").Cells(srcRwSales, 1).Value '日付
```

- **29 行目：ワークシート「売上」の列番号：1 列目（A 列）**

```
Worksheets("請求書").Cells(dstRwSales, 1).Value _
    = Worksheets("売上").Cells(srcRwSales, 1).Value '日付
```

- **39 行目：転記先の行番号（変数 dstRwSales）を進める値：1 行進める**

```
dstRwSales = dstRwSales + 1 '転記先の行を1つ進める
```

　ここで挙げた 3 ヵ所に登場する「1」は上記のとおり、いずれも意味が異なります。コードを見た限りでは同じ「1」ですが、異なる用途で使われています。そのことをちゃんとわかっていないと、大きなトラブルの原因となってしまうでしょう。

　たとえば、転記元の表であるワークシート「売上」の表で、A 列（1 列目）の「日付」を B 列（2 列目）に移動するというレイアウト変更を行ったとします。このレイアウト変更にコードを対応させるには、転記元の表の「日付」のCells にて、第 2 引数の列に指定している A 列の 1 を B 列の 2 に変更する必要があります。先ほど挙げた 3 ヵ所の「1」の中でそれに該当するのは、2 ヵ所目です。この 1 を 2 に変更すれば対応できることになります。

　このように 3 ヵ所ある「1」の違いをちゃんと把握して、該当箇所のみを適切に変更できれば問題ないのですが、たいていは「1 を 2 に変えればいいんだよね。じゃあ、全部の 1 を 2 に書き換えよう！」などと早とちりして、機械的にすべての 1 を変更しがちです。すると当然、プログラムはうまく動かなくなってしまいます。本来は転記元の列の 1 だけを 2 に書き換えなければならないのに、転記先の列である 1 と、転記先の行を 1 つ進めるための 1 までも 2 に書き換えてしまったら、そうなるのは当然でしょう。

第 6 章　数値や文字列は定数に置き換えよう

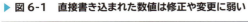

▶図 6-1　直接書き込まれた数値は修正や変更に弱い

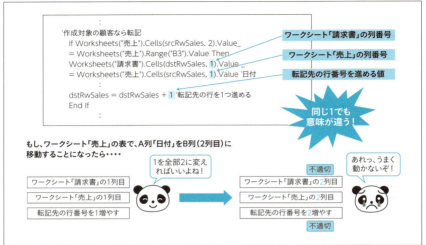

このように、数値がベタ打ちで直接記述されていると、「異なる意味の同じ数値」を非常に区別しづらくなります。その結果、さまざまなトラブルの要因となってしまうのです。この問題は 1 以外の数値についても同様です。

こういったコードに直接記述された数値のことは、プログラミングの世界では通称「マジックナンバー」と呼ばれます。以降、本書でもこの通称を用いるとします。

数値を定数化して問題を解決しよう

コードに直接記述された異なる意味の同じ数値……　マジックナンバーによる問題は、定数（ユーザー定義定数）で解決します。具体的なコードの書き方は次節以降で順に解説しますので、本節では解決方法の大枠を先に紹介します。

まずは直接記述された数値を定数に置き換えます。定数名はその数値の意味がわかる名前にします。同じ数値でも意味が異なるなら、それぞれ別の定数に置き換えます。次に、直接記述された数値の箇所を定数にそれぞれ置き換えます（以降、定数に置き換えることを「定数化」と呼ぶとします）。

6-1 なぜ数値や文字列を直接記述してはいけないのか

▶ 図6-2　定数化することで数値の意味が明確になる

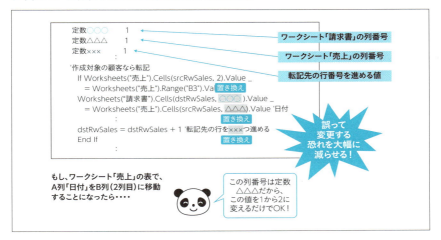

　これで、たとえば今までは同じ1が記述されていた箇所に定数が記述されます。しかも、同じ1でも意味が異なれば、異なる定数が記述されるようになります。すると、コードが理解しやすくなるのに加え、変化への対応がより容易かつ間違いなく行えるようになります。

　たとえば、先ほどの例と同じくsample1.xlsmにて、転記元であるワークシート「売上」の表で、A列（1列目）の「日付」をB列（2列目）に移動したいとなったとします。その場合、転記元の表で「日付」の列を定義した定数の値を1から2に変更することになります。同じ1でも意味ごとに定数をそれぞれ定義しており、定数名も意味がわかるように付けるので、間違える心配はほぼありません。なおかつ、書き換える箇所は処理のコードの中ではなく、プロシージャ冒頭の定数を定義しているコードになるため、ほかの1の箇所を誤って変更してしまう恐れも飛躍的に減らせます。

　なお、マジックナンバーには、「同じ意味の同じ数値」というタイプもあります。1章の1-2節で簡単に触れましたが、「整理されている」の基本的な考え方は「コードの重複がない」でした。「同じ意味の同じ数値」はまさにコードの重複であり、その解決にも定数を用います。

　今回、「同じ意味の同じ数値」の例はサンプルsample1.xlsmのコードには

123

第6章 数値や文字列は定数に置き換えよう

登場しませんが、一般的にプログラミングを行う際にはよく直面します。考え方や方法は次の文字列の定数化と同じですので、続けて学んでいきましょう。

直接記述された文字列も定数化しよう

数値に加えて文字列も、コードの中にベタ打ちで直接記述されているのは、「理解しやすい」と「整理されている」の両面で非常によくありません。

たとえばsample1.xlsmのコードには現状で、文字列である「"請求書"」や「"売上"」という記述が何ヵ所も登場しています。前者はすべてワークシート「請求書」、後者はすべてワークシート「売上」のワークシート名を意味する文字列になります。

仮にたとえば、ワークシート「売上」の名前が「販売」に変更されたとします。それに対応するには、「Worksheets("売上")」の「売上」の部分をすべて「販売」に書き換える必要があります。何ヵ所にも点在しているため、探すだけでも大変であり、書き換えるには一苦労でしょう。誤って書き換えてしまう恐れも常につきまといます。

VBEには置換機能があるので、一括で変換することも可能です。ただ、何でもかんでも置換機能を利用することは、筆者はあまりオススメしません。この例のように「売上」と「販売」といった明確に異なる語句なら、一括置換しても問題ありませんが、ほかの語句の一部と重なるような語句を一括置換すると、意図しない箇所まで置換されてしまい、コードが壊れてしまうからです。

そこで定数の出番です。良いコードの条件、「整理されている」の基本的な考え方は「コードの重複がない」でした。何ヵ所にも記述されている同じ文字列「請求書」と「販売」はまさにコードの重複であり、その解決に定数を用いるのです。

具体的には、文字列を定数化し、コードの該当箇所を置き換えていきます。先ほどの例なら、ワークシート名の文字列「売上」を定数化してまとめておき、Worksheetsのカッコ内にその定数を指定するようにします。すると、もしワークシート名が変更されても、定数を定義している箇所だけを書き換えれ

ば対応が済みます。書き換えの手間は最小限で済み、誤って書き換える恐れ
も最小化できます。

▶ 図 6-3　繰り返し登場する文字列を定数化

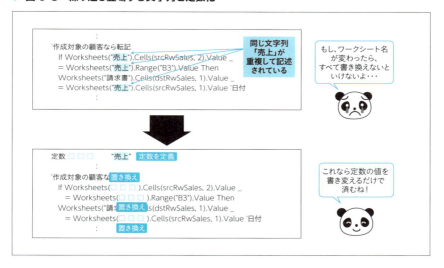

　一方、直接記述された文字列には、同じ意味の文字列でないものも多数あ
ります。たとえばsample1.xlsmなら、Rangeのカッコ内で指定している
「"A3"」や「"B3"」や「"A10:F19"」などのセル番地です。同じ文字列はほかに
ないものの、変化に対応する際に該当箇所を探すのに苦労するなど、何かと
問題となるので、定数化しておくことをオススメします。問題の内容と解決
の具体例は6-6節～6-7節で改めて解説します。

第 6 章　数値や文字列は定数に置き換えよう

6-2

定数定義のキホンをおさらい

名前と値を指定して定義

　ここで、定数を定義する方法のキホンをおさらいしておきましょう。定数の定義はConstステートメントで行います。基本的な書式は以下のとおりです。

▶ 書式

```
Const 定数名 As データ型 = 値
```

　キーワード「Const」に続けて定数名を記述します。キーワード「As」に続けてデータ型を指定し、最後に「=」に続けて値を記述します。

　定数名に使える文字のルールは変数と同じです。アルファベットや日本語が使え、記号はアンダースコアのみが使えます。数値は定数名の先頭以外なら使えます。

　定数名は3章3-2節内の「キャメル記法とスネーク記法」(P.56)で述べたように、一般的には大文字のアルファベットと「_」(アンダースコア)の組み合わせで、スネーク記法によって命名されるケースが多いです。VBAの文法でそう決められているわけではありませんが、古くからの慣例によるものです。本書でもその命名方法を用いるとします。

　たとえば、名前は「BOO_FOO」、値は数値の5という定数を定義したければ、以下のコードになります。これで、プログラムの中でBOO_FOOを記述すると、数値の5として処理に用いられます。

```
Const BOO_FOO As Long = 5
```

　また、名前は「BOO_FOO」、値は文字列「hoge」の定数なら以下になり

ます。これで、BOO_FOOが文字列「hoge」として処理に用いられます。

```
Const BOO_FOO As String = "hoge"
```

COLUMN

定数じゃなくて、変数じゃダメなの?

　定数はいわば、指定した名前と値を紐づけて定義し、その名前がその値として処理に使えるようにする仕組みです。この仕組みとほぼ同じなのが変数です。変数も名前とデータ型を指定して宣言し、値を代入すれば、以降はその変数名がその値として処理に使えるようになるのでした。

　このように変数と定数は本質的には同じ仕組みです。それならば、前節で挙げた数値や文字列を直接記述する問題の解決に、定数の替わりに変数を用いてはダメなのでしょうか? どうしても似たようなものが2つ用意されているのでしょうか?

　結論から言うと、「変数を用いても問題ありませんが、定数のほうがベター」です。変数でも先述の問題を解決できます。ただ、定数は変数と違って、処理の途中で別の値を代入して変更することができません。最初に定義したらずっと同じ値です。

　そもそもコードに直接記述していた数値や文字列は固定の値であり、処理の途中で変更するものは1つもありません。

　見方を変えれば、数値や文字列を直接記述している箇所は、途中で変更されると困る値であり、そのような趣旨の値のため、途中で変更できてしまう変数よりも、途中で変更できない定数で置き換えたほうがベターなのです。

　変数で置き換えると、途中で値を変更するコードを書いてしまうリスクがあります。定数ならコンパイルエラー「定数には値を代入できません」によって事前に防いでくれるので、そのリスクをゼロにできる(ミスに気付くことができる)のがメリットです。

第6章　数値や文字列は定数に置き換えよう

6-3

サンプルで 数値を定数化しよう

数値ごとに定数名を考えよう

　それでは、本書サンプルsample1.xlsmのコードにて、数値が直接記述してある箇所を定数化し、6-1節で挙げた問題を解決しましょう。本節では、定数化が必要な数値をすべて挙げ、それぞれ定数名とデータ型を考えます。

　先にここで、数値が直接記述してある箇所をすべて挙げます。該当箇所は下図①〜⑮の15ヵ所になります。

▶ **図6-4　sample1.xlsmで数値が直接記述されている箇所**

```
              :
              :
'転記先行番号を請求書の表の先頭に設定
    dstRwSales = 10                                              ①
                                                                 ②
'抽出・転記処理の本体                                               ③
For srcRwSales = 6 To 27 '転記元の表の先頭から末尾を処理              ④
    '作成対象の顧客なら転記                                          ⑤
    If Worksheets("売上").Cells(srcRwSales, 2).Value _             ⑥
        = Worksheets("売上").Range("B3").Value Then
        Worksheets("請求書").Cells(dstRwSales, 1).Value _          ⑦
            = Worksheets("売上").Cells(srcRwSales, 1).Value '日付    ⑧
        Worksheets("請求書").Cells(dstRwSales, 2).Value _          ⑨
            = Worksheets("売上").Cells(srcRwSales, 3).Value '商品名  ⑩
        Worksheets("請求書").Cells(dstRwSales, 3).Value _          ⑪
            = Worksheets("売上").Cells(srcRwSales, 4).Value '単価    ⑫
        Worksheets("請求書").Cells(dstRwSales, 4).Value _          ⑬
            = Worksheets("売上").Cells(srcRwSales, 5).Value '数量    ⑭
        Worksheets("請求書").Cells(dstRwSales, 5).Value _
            = Worksheets("売上").Cells(srcRwSales, 6).Value '小計
                                                                 ⑮
        dstRwSales = dstRwSales + 1 '転記先の行を1つ進める
    End If
Next
              :
              :
```

128

①〜⑮について以下のとおり、実際のコード、数値の意味を挙げるとともに、定数名も決めていきます。定数名の下には、命名の由来も記載しておきます。なお、これらの名前はすべて筆者が考えた一例であり、実際は読者の皆さんが自分にとってもっとわかりやすい定数名を用いればOKです。今回はこれらの定数名とします。また、データ型は、ここで登場する数値すべて整数なので、すべてLong型とします。

- ①「10」（21行目）

```
dstRwSales = 10
```

- **意味：転記先である請求書の表の先頭の行番号。売上データの転記はこの行から開始される**
- **定数名：DST_RW_BGN**

「転記先の行」ということで、変数名と同じく「dst」と「rw」を用います。定数名なので、大文字にして「_」でつなげます。そして、「開始」ということで、「begin」を省略した「bgn」を大文字で付けるとします。3章の3-5節（P.71）で紹介したように、変数の命名では「開始」（始まり）には「begin」、「終了」（終わり）には「end」がセットでよく用いられますが、定数名でも同様です。

また、定数名の末尾に、売上データの英語「SALES」をさらに加えてもよいのですが、今回は紙幅の関係で付けないとします。②と③も同様です。

- ②「6」（24行目）

```
For srcRwSales = 6 To 27
```

- **意味：転記元である売上の表の先頭行番号**
- **定数名：SRC_RW_BGN**

「転記元の行」ということで、変数名と同じく「SRC」と「RW」を用います。さらに「開始」なので、「BGN」も付けます。

第 6 章　数値や文字列は定数に置き換えよう

- ③「27」（24 行目）

```
For srcRwSales = 6 To 27
```

- 意味：転記元である売上の表の最終行番号
- 定数名：SRC_RW_END

　「転記元の行」なので「SRC」と「RW」を用います。「最終（終了）」ということで「begin」と対になる「end」を大文字で付けます。

- ④「2」（26 行目）

```
If Worksheets("売上").Cells(srcRwSales, 2).Value _
```

- 意味：転記元である売上の表の列「顧客」の列番号（ワークシート「売上」のB列＝ 2 列目）
- 定数名：SRC_COL_CSTMR

　転記元なので「SRC」を用います。「列」ということで、列の英語「column」を省略した「COL」を付けます。さらに顧客の英語「customer」の省略形として、「CSTMR」を付けます。

　なお、たとえば「関税」の「customs」など、「customer」と似たような単語の定数／変数名も併用したい場合は、混同しないよう省略しないでおきましょう。また、併用せずとも、"読んでわかる"ためには省略しないほうがベターなのですが、今回は紙幅の関係で省略するとします。以下同様です。

- ⑤「1」（28 行目）

```
Worksheets("請求書").Cells(dstRwSales, 1).Value _
```

- 意味：転記先である請求書の表の列「日付」の列番号（ワークシート「請求書」のA列＝ 1 列目）
- 定数名：DST_COL_DATE

　「転記先」なので「DST」、「列」なので「COL」を用います。さらに「日付」なので、日付の英語「date」を大文字で付けます。「dat」や「dt」などと省略する

6-3　サンプルで 数値を定数化しよう

と、データの「data」などと間違えやすいので、省略しないとします。

- ⑥「1」(29 行目)

```
= Worksheets("売上").Cells(srcRwSales, 1).Value '日付
```

- 意味：転記元である売上の表の列「日付」の列番号（ワークシート「売上」のA
    列＝1 列目）
- 定数名：SRC_COL_DATE

　「転記元」なので「SRC」、「列」なので「COL」、「日付」なので「DATE」を用
います。

- ⑦「2」(30 行目)

```
Worksheets("請求書").Cells(dstRwSales, 2).Value _
```

- 意味：転記先である請求書の表の列「商品名」の列番号（ワークシート「請求書」
    のB列＝2 列目）
- 定数名：DST_COL_ITEM

　「転記先」なので「DST」、「列」なので「COL」を用います。さらに「商品名」
なので、「商品」の英語「item」を大文字で付けます。「名前」の英語「name」も
付けたいところですが、今回は付けないとします。もし、ほかに「商品コード」
など「商品」を含む名前の定数／変数が登場するなら、それらと区別するた
めに「name」を付けましょう。なお、「商品」の単語にはほかに「product」も
よく使われます。

- ⑧「3」(31 行目)

```
= Worksheets("売上").Cells(srcRwSales, 3).Value '商品名
```

- 意味：転記元である売上の表の列「商品名」の列番号（ワークシート「売上」の
    C列＝3 列目）
- 定数名：SRC_COL_ITEM

131

第 6 章　数値や文字列は定数に置き換えよう

「転記元」なので「SRC」、「列」なので「COL」、「商品名」なので「ITEM」を
用います。

- ⑨「3」(32 行目)

```
Worksheets("請求書").Cells(dstRwSales, 3).Value _
```

- 意味：転記先である請求書の表の列「単価」の列番号（ワークシート「請求書」
  のC列＝ 3 列目）
- 定数名：DST_COL_PRICE

「転記先」なので「DST」、「列」なので「COL」を用います。さらに「商品名」
なので、「商品」の意味として「price」をそのまま大文字で付けます。なお、
単価は厳密には「unit price」なのですが、今回は紙幅の関係で「price」とし
ます。もし、ほかにたとえば「割引後の単価」などが登場するなら、単なる
「price」ではなく、区別が付くような名前にしましょう。

- ⑩「4」(33 行目)

```
= Worksheets("売上").Cells(srcRwSales, 4).Value '単価
```

- 意味：転記元である売上の表の列「単価」の列番号（ワークシート「売上」のD
  列＝ 4 列目）
- 定数名：SRC_COL_PRICE

「転記元」なので「SRC」、「列」なので「COL」、「単価」なので「PRICE」を用
います。

- ⑪「4」(34 行目)

```
Worksheets("請求書").Cells(dstRwSales, 4).Value _
```

- 意味：転記先である請求書の表の列「数量」の列番号（ワークシート「請求書」
  のD列＝ 4 列目）
- 定数名：DST_COL_QTY

6-3　サンプルで 数値を定数化しよう

　「転記先」なので「DST」、「列」なので「COL」を用います。さらに「数量」なので、「数量」の英語「quantity」の省略形として「qty」を大文字で付けます。
　なお、この省略形「qty」はよく用いられます。

- ⑫「5」(35 行目)

```
= Worksheets("売上").Cells(srcRwSales, 5).Value ' 数量
```

- **意味：転記元である売上の表の列「数量」の列番号（ワークシート「売上」のE列＝ 5 列目）**
- **定数名：SRC_COL_QTY**

　「転記元」なので「SRC」、「列」なので「COL」、「数量」なので「QTY」を用います。

- ⑬「5」(36 行目)

```
Worksheets("請求書").Cells(dstRwSales, 5).Value _
```

- **意味：転記先である請求書の表の列「小計」の列番号（ワークシート「請求書」のE列＝ 5 列目）**
- **定数名：DST_COL_SUBTTL**

　「転記先」なので「DST」、「列」なので「COL」を用います。さらに「小計」なので、「小計」を英語「subtotal」の「total」の部分のみを「ttl」に省略したかたちの「subttl」を大文字で付けます。
　「total」もできれば省略したくないのですが、紙幅の関係で省略しました。「ttl」以外に「tot」という省略計もよく用いられます。

- ⑭「6」(37 行目)

```
= Worksheets("売上").Cells(srcRwSales, 6).Value ' 小計
```

- **意味：転記元である売上の表の列「小計」の列番号（ワークシート「売上」のF列＝ 6 列目）**
- **定数名：SRC_COL_SUBTTL**

第6章　数値や文字列は定数に置き換えよう

「転記元」なので「SRC」、「列」なので「COL」、「小計」なので「SUBTTL」を用います。

- ⑮「1」（39 行目）

```
dstRwSales = dstRwSales + 1 '転記先の行を1つ進める
```

- 意味：転記先の行を 1 つ進めるため、行番号の変数dstRwSalesに足す値
- 定数名：DST_RW_STEP

「転記先」なので「DST」、「行」なので「RW」を用います。さらに、転記先の行を進めるために足す値ということで、「STEP」を大文字で付けます。

定数名はほかにも考えられますが、今回は以上とします。これらの定数に、コードに直接記述された数値をそれぞれ置き換えます。

COLUMN

定数はプロシージャレベル／モジュールレベルも考慮

本書サンプルはSubプロシージャ「makeInvoice」の 1 つしか登場しないので、定数はすべてプロシージャレベルになりますが、プロシージャが複数登場するプログラムで、複数のプロシージャで共通して使う定数なら、モジュールレベルで定義する必要があります。

定数化の際は定数名やデータ型とともに、プロシージャレベルかモジュールレベルかも決めましょう。

6-4 定数を定義して数値を置き換えよう

6-4

定数を定義して数値を置き換えよう

請求書の表の先頭行番号を定数化

　本節では、本書サンプルsample1.xlsmのコード内に直接記述されている
数値（通称「マジックナンバー」）を、前節で決めた定数に置き換えるよう、コー
ドを書き換えていきます。

　直接記述されている数値は前節で挙げた①〜⑮のように15ヵ所あり、す
べて意味が違う数値でした。それら15ヵ所の数値を置き換える定数の名前
やデータ型を考えました。作業としては、大きく分けて以下の2つの作業
を①〜⑮の分だけ行います。

- 定数を定義するコードを追加
- 該当箇所の数値をそれぞれ定数に書き換え

　計15ヵ所の数値について、定数を定義して置き換えるようコードを追加・
変更することになります。それなりの分量のコードを追加・変更するので、
もしうまく追加・変更できず、かつ、元の状態に戻せなくなった際の備えと
して、変更前のコードをバックアップしておくとよいでしょう。バックアッ
プ方法は3-4節（P.70）のコラムで紹介したコメントアウトを利用するか、
ブックそのものを複製しておくなど、好きな方法で構いません。

　それでは、コードの書き換えを始めます。最初は①の箇所を定数化しましょ
う。コードの21行目で、変数dstRwSalesに代入している10です。

▶ リスト　変更前のコード

```
Option Explicit

'請求書を作成
```

135

第6章　数値や文字列は定数に置き換えよう

```
Sub makeInvoice()
    Dim srcRwSales As Long '売上データの転記元行番号
    Dim dstRwSales As Long '売上データの転記先行番号

    '---- 宛名と日付の作成 ----
            :

    '---- 売上データを抽出・転記 ----
    '請求書の表を先に消去。前回転記したデータが残るのを防ぐため
    Worksheets("請求書").Range("A10:F19").ClearContents

    '転記先行番号を請求書の表の先頭に設定
    dstRwSales = 10
            :
```

　この10の意味は前節で挙げたように、転記先である請求書の先頭の行でした。定数名は「DST_RW_BGN」として定義し、置き換えるのでした。まずは定数DST_RW_BGNを定義するコードを考えましょう。

　データ型はLong型と前節で決めたのでした。以上を踏まえ、6-2節(P.126)で提示したConstステートメントの書式に当てはめると、以下のように記述すればよいとわかります。

```
Const DST_RW_BGN As Long = 10
```

　この定数DST_RW_BGNを定義するコードを追加する場所は、Subプロシージャ「makeInvoice」の冒頭が一般的です。冒頭にはすでに2つの変数を宣言するコードがありますが、今回はその上に追加するとします。もちろん、下に追加しても構いません。変数と定数が混在せず、きちんと分けられていれば、問題ありません。

　定数DST_RW_BGNを定義するコードを追加したら、21行目の「dstRwSales = 10」の10を定数DST_RW_BGNに置き換えます。加えて、定数定義のコードの後ろに、定数の意味をコメントとして記述しておきましょう。また、定数定義と変数宣言のコードの間には、空行を挿入するとします。

6-4 定数を定義して数値を置き換えよう

▶ リスト ①を定数化した後のコード

```
Option Explicit

'請求書を作成
Sub makeInvoice()
    Const DST_RW_BGN As Long = 10 '請求書の表の先頭行番号

    Dim srcRwSales As Long '売上データの転記元行番号
    Dim dstRwSales As Long '売上データの転記先行番号

    '---- 宛名と日付の作成 ----
            :

    '---- 売上データを抽出・転記 ----
    '請求書の表を先に消去。前回転記したデータが残るのを防ぐため
    Worksheets("請求書").Range("A10:F19").ClearContents

    '転記先行番号を請求書の表の先頭に設定
    dstRwSales = DST_RW_BGN
```

　これで、①の数値の定数化は完了です。正しくコードを書き換えることができたのか確かめるため、置き換え前と同じ実行結果がちゃんと得られるか、動作確認しておくとよいでしょう。

残りの数値も定数化しよう

　残りの②〜⑮についても、同様に定数化しましょう。コードを以下のように追加・変更してください。定数定義のコードには①と同様にコメントを記述するとします。

▶ リスト sample1.xlsm（定数化前）

```
Option Explicit

'請求書を作成
Sub makeInvoice()
```

137

第6章　数値や文字列は定数に置き換えよう

```vb
    Const DST_RW_BGN As Long = 10 '請求書の表の先頭行番号

    Dim srcRwSales As Long '売上データの転記元行番号
    Dim dstRwSales As Long '売上データの転記先行番号

    '---- 宛名と日付の作成 ----
                    :

    '---- 売上データを抽出・転記 ----
    '請求書の表を先に消去。前回転記したデータが残るのを防ぐため
    Worksheets("請求書").Range("A10:F19").ClearContents

    '転記先行番号を請求書の表の先頭に設定
    dstRwSales = DST_RW_BGN

    '抽出・転記処理の本体
    For srcRwSales = 6 To 27 '転記元の表の先頭から末尾を処理
        '作成対象の顧客なら転記
        If Worksheets("売上").Cells(srcRwSales, 2).Value _
                = Worksheets("売上").Range("B3").Value Then
            Worksheets("請求書").Cells(dstRwSales, 1).Value _
                = Worksheets("売上").Cells(srcRwSales, 1).Value '日付
            Worksheets("請求書").Cells(dstRwSales, 2).Value _
                = Worksheets("売上").Cells(srcRwSales, 3).Value '商品名
            Worksheets("請求書").Cells(dstRwSales, 3).Value _
                = Worksheets("売上").Cells(srcRwSales, 4).Value '単価
            Worksheets("請求書").Cells(dstRwSales, 4).Value _
                = Worksheets("売上").Cells(srcRwSales, 5).Value '数量
            Worksheets("請求書").Cells(dstRwSales, 5).Value _
                = Worksheets("売上").Cells(srcRwSales, 6).Value '小計

            dstRwSales = dstRwSales + 1 '転記先の行を1つ進める
        End If
    Next


    '---- 後処理 ----
    Worksheets("請求書").Activate
End Sub
```

6-4 定数を定義して数値を置き換えよう

▶ リスト sample1.xlsm（定数化後）

```
Option Explicit

'請求書を作成
Sub makeInvoice()
    Const DST_RW_BGN As Long = 10 '請求書の表の先頭行番号
    Const SRC_RW_BGN As Long = 6 '売上の表の先頭行番号
    Const SRC_RW_END As Long = 27 '売上の表の最終行番号
    Const SRC_COL_CSTMR As Long = 2 '売上の表の列「顧客」の列番号
    Const DST_COL_DATE As Long = 1 '請求書の表の列「日付」の列番号
    Const SRC_COL_DATE As Long = 1 '売上の表の列「日付」の列番号
    Const DST_COL_ITEM As Long = 2 '請求書の表の列「商品名」の列番号
    Const SRC_COL_ITEM As Long = 3 '売上の表の列「商品名」の列番号
    Const DST_COL_PRICE As Long = 3 '請求書の表の列「単価」の列番号
    Const SRC_COL_PRICE As Long = 4 '売上の表の列「単価」の列番号
    Const DST_COL_QTY As Long = 4 '請求書の表の列「数量」の列番号
    Const SRC_COL_QTY As Long = 5 '売上の表の列「数量」の列番号
    Const DST_COL_SUBTTL As Long = 5 '請求書の表の列「小計」の列番号
    Const SRC_COL_SUBTTL As Long = 6 '売上の表の列「小計」の列番号
    Const DST_RW_STEP As Long = 1 '転記先の行を1つ進めるために足す値

    Dim srcRwSales As Long '売上データの転記元行番号
    Dim dstRwSales As Long '売上データの転記先行番号

    '---- 宛名と日付の作成 ----
            :

    '---- 売上データを抽出・転記 ----
    '請求書の表を先に消去。前回転記したデータが残るのを防ぐため
    Worksheets("請求書").Range("A10:F19").ClearContents

    '転記先行番号を請求書の表の先頭に設定
    dstRwSales = DST_RW_BGN

    '抽出・転記処理の本体
    For srcRwSales = SRC_RW_BGN To SRC_RW_END '転記元の表の先頭から末尾を処理
        '作成対象の顧客なら転記
        If Worksheets("売上").Cells(srcRwSales, SRC_COL_CSTMR).Value _
            = Worksheets("売上").Range("B3").Value Then
```

139

第6章　数値や文字列は定数に置き換えよう

```
        Worksheets("請求書").Cells(dstRwSales, DST_COL_DATE).Value _
            = Worksheets("売上").Cells(srcRwSales, SRC_COL_DATE).Value '日付
        Worksheets("請求書").Cells(dstRwSales, DST_COL_ITEM).Value _
            = Worksheets("売上").Cells(srcRwSales, SRC_COL_ITEM).Value '商品名
        Worksheets("請求書").Cells(dstRwSales, DST_COL_PRICE).Value _
            = Worksheets("売上").Cells(srcRwSales, SRC_COL_PRICE).Value '単価
        Worksheets("請求書").Cells(dstRwSales, DST_COL_QTY).Value _
            = Worksheets("売上").Cells(srcRwSales, SRC_COL_QTY).Value '数量
        Worksheets("請求書").Cells(dstRwSales, DST_COL_SUBTTL).Value _
            = Worksheets("売上").Cells(srcRwSales, SRC_COL_SUBTTL).Value '小計

        dstRwSales = dstRwSales + DST_RW_STEP '転記先の行を1つ進める
      End If
    Next


    '---- 後処理 ----
    Worksheets("請求書").Activate
End Sub
```

　これで、コードに直接記述された15ヵ所の数値をすべて定数化できました。動作確認して、定数化以前と同様に正しく動くことを確認しておくとよいでしょう。

　なお、今回は②～⑮の14ヵ所の数値を一気に定数化しましたが、本来は1ヵ所を定数化したら、そのつど動作確認したほうがより間違いなく定数化できて安全です。読者の皆さんは定数化に慣れていない間は、1つ定数化するたびに動作確認するとよいでしょう。

定数定義のコードを整理してもっと見やすくしよう

　これで数値の定数化は完了しましたが、各定数を定義するコード（冒頭のConst ～で始まる行）は現在、①～⑮の順にそのまま並べて記述されています。これはこれで間違いではないのですが、請求書の表と売上の表、行と列の定数が交互に記述されているなど、少々わかりづらいと言えます。

　そこで、請求書の表と売上の表、および行と列でまとめるよう、記述順を

変更して整理しましょう。売上の表の列の定数の並びも「顧客」と「日付」を入れ替え、表の左側の列から順に並ぶよう整えています。加えて、さらに見やすくなるよう、コメントの頭の位置をそろえ、かつ、請求書の表と売上の表の定数の間に空行も挿入して、見た目も調整しています。

▶ リスト　定数定義部分を整理して見やすくしたコード

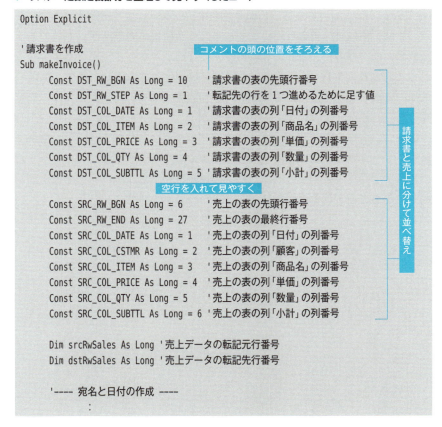

　このように同じ種類の定数はなるべく近くにまとめるなど、記述する順番を整えることも、コードをより理解しやすくする有効な手段のひとつです。見た目の調整と合わせると効果倍増でしょう。

第 6 章　数値や文字列は定数に置き換えよう

　これでコードに直接記述された数値の定数化は完了です。サンプルはもともとごく短いコードということもあって、定数化以前に比べて、一見複雑になった印象を抱くかもしれません。定数定義のコードが 15 個追加されて分量が増え、かつ、今まで数値の 1 ～ 2 文字のみが直接記述されていた箇所が、10 文字前後の定数名に置き換わったため、見づらくなったように思えるかもしれません。

　しかし、良いコードの 2 つの条件「理解しやすい」と「整理されている」については、格段に改善されています。単なる数値だった箇所が、意味のある定数名になったので、コードを読めばすぐに区別できるようになりました。さらに、「意味が異なる同じ数値」もすべて定数化して整理したので、機能の追加・変更など変化に対応する際も、より間違いなく実施できるようになりました。

　確かに、コードが理解しやすくなる条件のひとつとして、コードの量が少なくてすっきり見やすいことも挙げられるのですが、本章でここまで学んだように、定数化など結果としてコードの量が増えても、全体としては理解しやすくなることもあるのです。

142

6-4 定数を定義して数値を置き換えよう

COLUMN

「列の入れ替え」への対応を体験してみよう

　定数化によって、どのように変化へ対応しやすくなったのかを体験してみましょう。シチュエーションとしては、売上の表（ワークシート「売上」の表）にてレイアウト変更があり、B列「顧客」とC列「商品名」が入れ替わったと仮定します。その変化にプログラムを対応できるよう、コードを書き換えてみます。

この体験は本筋からは脱線します。sample1.xlsmをコピーして別ファイルで体験を進めてください。終了後はそのまま破棄して構いません。

　まずは売上の表にて、B列「顧客」とC列「商品名」を入れ替えましょう。

・①表のC列のセル範囲（C5～C27セル）を選択し、[ホーム]タブの[切り取り]をクリック

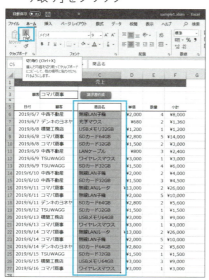

143

第 6 章　数値や文字列は定数に置き換えよう

・②表のB列の先頭であるB5セルを右クリックし、[切り取ったセルの挿入]
　をクリック

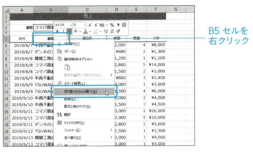

B5 セルを
右クリック

・③列「顧客」がB列からC列に、列「商品名」がC列からB列に変更され、
　2つの列が入れ替わった

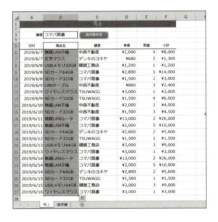

　列の入れ替えができたら、このレイアウト変更に対応するため、コード
を書き換えましょう。売上の表の列「顧客」の列番号は定数SRC_COL_
CSTMRとして、値は2を定義しているのでした。列「商品名」の列番号は
定数SRC_COL_ITEMとして、値は3を定義しているのでした。
　この2つの列が入れ替わったということで、定数の値を前者は3、後
者は2に変更することで入れ替えてやれば、このレイアウト変更に対応
できるでしょう。では、以下のようにコードを書き換えてください。両定
数はコードの16～17行目にあります。

6-4 定数を定義して数値を置き換えよう

```
      :
Const SRC_COL_CSTMR As Long = 2    '売上の表の列「顧客」の列番号
Const SRC_COL_ITEM As Long = 3    '売上の表の列「商品名」の列番号
      :
```

↓

```
      :
Const SRC_COL_CSTMR As Long = 3    '売上の表の列「顧客」の列番号
Const SRC_COL_ITEM As Long = 2    '売上の表の列「商品名」の列番号
      :
```

　これで、列「顧客」と列「商品名」を入れ替えるレイアウト変更に対応できるよう、コードを書き換えることができました。[請求書作成] ボタンをクリックすると、請求書が正しく作成されることが確認できます。

　このように列の入れ替えという表のレイアウト変更に対して、プロシー

145

第6章　数値や文字列は定数に置き換えよう

ジャの冒頭で定数を宣言している部分のみを見て、該当する列の列番号として定義している定数の値を書き換えることで対応できました。

定数化以前のコードでは、数ある Cells の第2引数の中から、該当する列番号の箇所を探して書き換える必要があります。探すだけでも一苦労であるうえに、うっかり誤った箇所を探してしまう恐れも多々あります。該当する列ではない列番号を書き換えると、せっかく今までちゃんと動いていたプログラムがうまく動かなくなってしまいます。

定数化によって、変化への対応をより正確かつ効率的に実施できるのです。しかも、変化に対応する際、コードを変更する領域はプロシージャ冒頭の定数定義の部分のみに限定できます。実際に処理している部分など、その他のコードを誤って書き換えてしまう恐れがなくなるのも、定数化のメリットです。

6-5

文字列も定数化して変化に強くしよう

直接記述された文字列の問題と解決方法

次に、sample1.xlsm のコード内に直接記述された文字列を定数化します。数値に加え文字列も定数化することで、「理解しやすい」と「整理されている」をより進めて、より良いコードにしていきます。

6-1 節ですでに触れたように、sample1.xlsm のコードには、ワークシート名の文字列「売上」の記述「"売上"」、文字列「請求書」の記述「"請求書"」が何ヵ所も登場します。もしもワークシート名が変更されたなら、何ヵ所にも点在しているこれらの文字列をすべて確認して選別し、書き換えなければなりません。苦労するのみならず、誤って書き換えてしまう恐れも常につきまといます。

「売上」と「請求書」に加え、文字列「B3」が2ヵ所に登場しています（コー

146

ド27行目と44行目の「Worksheets("売上").Range("B3").Value」の中)。ワークシート「売上」のB3セルのセル番地になります。請求書を作成する顧客を入力する役割のセルです。もし、このセルの場所をB3セルからC3セルに移動するレイアウト変更があった場合、コードの2ヵ所にある「B3」を「C3」に書き換えなければなりません。数値と同様に、「同じ意味の同じ文字列」問題を抱えているのです。

そこで、この問題を解決するために文字列を定数化します。「売上」と「請求書」と「B3」をそれぞれ定数化しておけば、ワークシート名やレイアウトの変更があっても、該当する定数の値を定義している箇所を書き換えるだけで変更に対応できるコードになります。より少ない手間とミスの恐れのない状況で対応可能になります。

▶ 図6-5 文字列の重複も定数化しよう（文字列「B3」の場合）

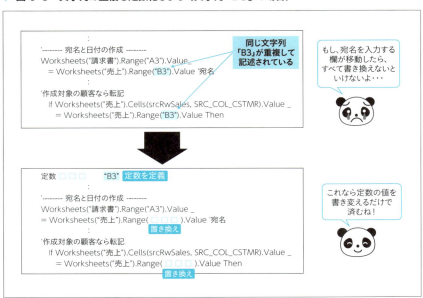

第6章　数値や文字列は定数に置き換えよう

　この3つ以外にもsample1.xlsmのコード内に直接記述された文字列はあ
ります。すべて1ヵ所しか登場しないので、複数箇所に登場する文字列に
比べ、探したり書き換えたりする手間や誤りの恐れは少ないものの、定数化
しておきたいものです。これらについても一緒に見ていきましょう。

文字列ごとに定数名を考えよう

　それでは、本書サンプルsample1.xlsmのコードにて、文字列が直接記述
してある箇所をすべて挙げます。6-3節で数値を定数化した際に行った作業
と同じく、具体的な文字列、該当コードの場所（行数で示します）、実際のコー
ド、文字列の意味を挙げるとともに、定数名も決めていきます。「同じ意味
の同じ文字列」の実際のコードは、初出箇所でのコードを挙げるとします。
データ型はすべて文字列なので、すべてString型とします。

　該当する文字列は下図①〜⑥の6つです。

6-5 文字列も定数化して変化に強くしよう

▶図6-6 sample1.xlsmで文字列が直接記述されている箇所

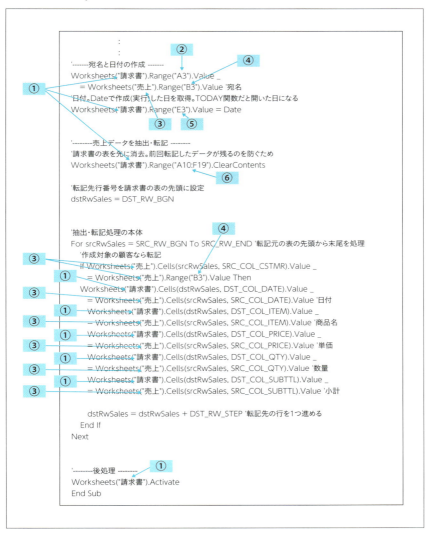

第 6 章　数値や文字列は定数に置き換えよう

- ①「請求書」（9、13、18、28、30、32、34、36、45 行目）

```
Worksheets("請求書").Range("A3").Value _
```

- 意味：ワークシート「請求書」の名前
- 定数名：WS_INVOICE

　ワークシート（worksheet）を省略した「WS」に、請求書の英語「invoice」を用い、大文字にして「_」でつなぎスネーク記法にします。「invoice」も何かしらの省略形にしてもよいのですが、今回は省略しないとします。

- ②「A3」（9 行目）

```
Worksheets("請求書").Range("A3").Value _
```

- 意味：宛名の転記先のセル番地
- 定数名：DST_CONAME

　転記先なのでDSTを用います。「CONAME」の部分は「宛名」の英語ではありませんが、英語の請求書で宛名欄の表題によく用いられる「company name」の「Company」を「co」に略し、「name」とつなげています。なお、今回は採用しませんでしたが、セル番地を意味する語句も入れるのも手です。たとえば、「addess」の略語「ADR」を途中に入れた「DST_ADR_CONAME」などです。

- ③「売上」（10、26、27、29、31、33、35、37 行目）

```
= Worksheets("売上").Range("B3").Value '宛名
```

- 意味：ワークシート「売上」の名前
- 定数名：WS_SALES

　ワークシートの「WS」に、売上の英語「sales」を付けています。

6-5 文字列も定数化して変化に強くしよう

- ④「B3」（11、27行目）

```
= Worksheets("売上").Range("B3").Value '宛名
```

- 意味：宛名の転記元のセル番地
- 定数名：ORG_CONAME

転記元なので「ORG」、宛名なので「CONAME」を用いています。

- ⑤「E3」（13行目）

```
Worksheets("請求書").Range("E3").Value = Date
```

- 意味：日付の転記先のセル番地
- 定数名：DST_DATE

転記先なので「DST」を用い、日付の英語「date」を付けています。

- ⑥「A10:F19」（18行目）

```
Worksheets("請求書").Range("A10:F19").ClearContents
```

- 意味：請求書の売上の表のセル範囲
- 定数名：DST_TBL_SALES

請求書の売上の表は転記先なので「DST」を用います。「表」の英語「table」の省略形として「tbl」、さらに売上の「sales」をつなげています。

繰り返しますが、ここで決めた定数名は絶対ではありません。それぞれわかりやすい命名をしてください。これらの定数に、コードに直接記述された文字列をそれぞれ置き換えます。

第6章　数値や文字列は定数に置き換えよう

6-6

定数を定義して文字列を置き換えよう

まずは定数定義のコードを追加

　それでは、本書サンプルsample1.xlsmのコード内に直接記述された文字列を、前節で決めた①〜⑥の定数に置き換えていきます。作業の進め方として、より間違いなく確実に書き換えるには、文字列を1つずつ定数に置き換えていくのがベターですが、今回は一気に書き換えるとします。

▶ リスト　変更前のコード

```
         ：
Const SRC_COL_QTY As Long = 5    '売上の表の列「数量」の列番号
Const SRC_COL_SUBTTL As Long = 6 '売上の表の列「小計」の列番号

Dim srcRwSales As Long '売上データの転記元行番号
Dim dstRwSales As Long '売上データの転記先行番号
         ：
```

　まずは6つの定数①〜⑥を定義するコードを追加しましょう。追加する場所は、数値の定数を定義するコードの下とします。見やすさのため、空行を1行入れてから記述します。また、記述順は①〜⑥の順番どおりでなく、ワークシート名と定数とセル番地の定数に小分けして記述します。あわせて、定数の意味をコメントとして記載するとします。

▶ リスト　文字列の定数定義を追加した後のコード

```
         ：
Const SRC_COL_QTY As Long = 5    '売上の表の列「数量」の列番号
Const SRC_COL_SUBTTL As Long = 6 '売上の表の列「小計」の列番号
```

152

6-6　定数を定義して文字列を置き換えよう

```
Const WS_INVOICE As String = "請求書"      'ワークシート「請求書」の名前
Const WS_SALES As String = "売上"          'ワークシート「売上」の名前
Const DST_CONAME As String = "A3"          '宛名の転記先のセル番地
Const ORG_CONAME As String = "B3"          '宛名の転記元のセル番地
Const DST_DATE As String = "E3"            '日付の転記先のセル番地
Const DST_TBL_SALES As String = "A10:F19" '請求書の売上の表のセル範囲
Dim srcRwSales As Long '売上データの転記元行番号
Dim dstRwSales As Long '売上データの転記先行番号
          :
```

これで6つの定数を定義できました。定数定義のコードの数がずいぶん増えました。ここでコード全体をより見やすくするよう、定数定義と変数宣言コード、実際に処理するコードとの境界がよりわかりやすくなるよう、間の空行を2行に増やしてやるとします。

```
Dim srcRwSales As Long '売上データの転記元行番号
Dim dstRwSales As Long '売上データの転記先行番号


'---- 宛名と日付の作成 ----
Worksheets("請求書").Range("A3").Value _
        = Worksheets("売上").Range("B3").Value '宛名
```

←空行を2行に

直接記述された文字列を定数に置き換えよう

定数を定義できたところで、コード内に直接記述されている文字列をそれぞれ置き換えましょう。たとえば文字列「請求書」なら、コード内の「"請求書"」を定数WS_INVOICEに書き換えます。

その際に注意していただきたいのは、必ず「請求書」の前後の「"」も含めて、WS_INVOICEに書き換えることです。つまり、「"請求書"」を「WS_INVOICE」に書き換えます。

よくある間違いで、「"」を残したまま、「"WS_INVOICE"」と記述してしまいがちです。VBAの文法として、「"」で囲んだ内容はそのままの文字の並

153

第6章　数値や文字列は定数に置き換えよう

びとして解釈されるので、このように記述してしまうと「WS_INVOICE」
という文字列になってしまい、定数として正しく動かなくなります。
　では、以上に注意しつつ、次のようにコードを書き換えてください。

▶ **リスト　sample1.xlsm（文字列の定数化前）**

```
        :
    '---- 宛名と日付の作成 ----
    Worksheets("請求書").Range("A3").Value _
        = Worksheets("売上").Range("B3").Value '宛名

    '日付。Dateで作成(実行)した日を取得。TODAY関数だと開いた日になる
    Worksheets("請求書").Range("E3").Value = Date


    '---- 売上データを抽出・転記 ----
    '請求書の表を先に消去。前回転記したデータが残るのを防ぐため
    Worksheets("請求書").Range("A10:F19").ClearContents

    '転記先行番号を請求書の表の先頭に設定
    dstRwSales = DST_RW_BGN

    '抽出・転記処理の本体
    For srcRwSales = SRC_RW_BGN To SRC_RW_END '転記元の表の先頭から末尾を処理
        '作成対象の顧客なら転記
        If Worksheets("売上").Cells(srcRwSales, SRC_COL_CSTMR).Value _
                = Worksheets("売上").Range("B3").Value Then
            Worksheets("請求書").Cells(dstRwSales, DST_COL_DATE).Value _
                = Worksheets("売上").Cells(srcRwSales, SRC_COL_DATE).Value '日付
            Worksheets("請求書").Cells(dstRwSales, DST_COL_ITEM).Value _
                = Worksheets("売上").Cells(srcRwSales, SRC_COL_ITEM).Value '商品名
            Worksheets("請求書").Cells(dstRwSales, DST_COL_PRICE).Value _
                = Worksheets("売上").Cells(srcRwSales, SRC_COL_PRICE).Value '単価
            Worksheets("請求書").Cells(dstRwSales, DST_COL_QTY).Value _
                = Worksheets("売上").Cells(srcRwSales, SRC_COL_QTY).Value '数量
            Worksheets("請求書").Cells(dstRwSales, DST_COL_SUBTTL).Value _
                = Worksheets("売上").Cells(srcRwSales, SRC_COL_SUBTTL).Value '小計
```

6-6 定数を定義して文字列を置き換えよう

```vba
            dstRwSales = dstRwSales + DST_RW_STEP '転記先の行を1つ進める
        End If
    Next


    '---- 後処理 ----
    Worksheets("請求書").Activate
End Sub
```

▶ リスト　sample1.xlsm（文字列の定数化後）

```vba
    :
    '---- 宛名と日付の作成 ----
    Worksheets(WS_INVOICE).Range(DST_CONAME).Value _
        = Worksheets(WS_SALES).Range(ORG_CONAME).Value '宛名

    '日付。Dateで作成(実行)した日を取得。TODAY関数だと開いた日になる
    Worksheets(WS_INVOICE).Range(DST_DATE).Value = Date


    '---- 売上データを抽出・転記 ----
    '請求書の表を先に消去。前回転記したデータが残るのを防ぐため
    Worksheets(WS_INVOICE).Range(DST_TBL_SALES).ClearContents

    '転記先行番号を請求書の表の先頭に設定
    dstRwSales = DST_RW_BGN

    '抽出・転記処理の本体
    For srcRwSales = SRC_RW_BGN To SRC_RW_END '転記元の表の先頭から末尾を処理
        '作成対象の顧客なら転記
        If Worksheets(WS_SALES).Cells(srcRwSales, SRC_COL_CSTMR).Value _
                = Worksheets(WS_SALES).Range(ORG_CONAME).Value Then
            Worksheets(WS_INVOICE).Cells(dstRwSales, DST_COL_DATE).Value _
                = Worksheets(WS_SALES).Cells(srcRwSales, SRC_COL_DATE).Value '日付
            Worksheets(WS_INVOICE).Cells(dstRwSales, DST_COL_ITEM).Value _
                = Worksheets(WS_SALES).Cells(srcRwSales, SRC_COL_ITEM).Value '商品名
            Worksheets(WS_INVOICE).Cells(dstRwSales, DST_COL_PRICE).Value _
                = Worksheets(WS_SALES).Cells(srcRwSales, SRC_COL_PRICE).Value '単価
            Worksheets(WS_INVOICE).Cells(dstRwSales, DST_COL_QTY).Value _
```

155

第6章　数値や文字列は定数に置き換えよう

```
                = Worksheets(WS_SALES).Cells(srcRwSales, SRC_COL_QTY).Value '数量
            Worksheets(WS_INVOICE).Cells(dstRwSales, DST_COL_SUBTTL).Value _
                = Worksheets(WS_SALES).Cells(srcRwSales, SRC_COL_SUBTTL).Value '小計

            dstRwSales = dstRwSales + DST_RW_STEP '転記先の行を1つ進める
        End If
    Next


    '---- 後処理 ----
    Worksheets(WS_INVOICE).Activate
End Sub
```

　書き換えたら、定数化以前と同じ結果が得られるか、動作を確かめてください。

　これで、何ヵ所も記述されていた文字列「請求書」と「売上」をそれぞれ定数に置き換え、コードの重複を解消できました。もし今後、ワークシート名が変更になっても、定数を定義しているコードの値の部分だけを書き換えれば済むようになりました。

　また、宛名の転記先・転記元や日付の転記先、請求書の表の範囲のセル番地の文字列も定数化しました。コードの重複はなかったものの、どのような意味の文字列なのか、定数名を見ればわかるようになり、書き換えの際に勘違いによるミスをより防げるようになりました。このように変化へ対応する手間と時間、ミスの恐れを最小化できました。

よく見ると、まだ「コードの重複」が……

　さて、本節までに数値と文字列を定数化した後のコードを「コードの重複」という観点で改めて眺めてみると、同じコードである「Worksheets(WS_INVOICE)」と「Worksheets(WS_SALES)」が何ヵ所も記述されていることに気づくでしょう。これもまさにコードの重複です。この解決は次の7章で取り組みます。

「異なる意味の同じ文字列」問題

　本書サンプルでは該当しませんが、コード内に数値や文字列を直接記述する問題の別のパターンをここで紹介します。「異なる意味の同じ文字列」という問題です。問題の本質は「異なる意味の同じ数値」と同じです。

　ここで、本書サンプルのワークシート「請求書」の宛名欄がA3セルではなく、B3セルであると仮定します。ワークシート「売上」の宛名欄はB3セルのままとします。そうなると、同じ「B3」でも、片方はワークシート「請求書」の宛名欄であり、もう片方はワークシート「売上」の宛名欄です。つまり、同じ「B3」という文字列でも意味が異なります。

　もし、ワークシート「売上」の宛名欄がB3セルからC4セルに移動されたレイアウト変更があったとします。対応させるためコードを書き換える際、文字列が直接記述されていると、「『B3』の部分をすべて『C4』に書き換えればいいや！」などと勘違いして、単純に一括して書き換えてしまいがちです。すると、ワークシート「請求書」の宛名欄の「B3」まで「C4」に変更することになります。同じ文字列「B3」でも、意味の異なるものまで変更してしまうので、プログラムが正しく動作しなくなることは言うまでもありません。

　そこで、意味が異なる2つの文字列「B3」をそれぞれ定数化して、該当箇所を置き換えておきます。すると、先述のレイアウト変更に対応する際、ワークシート「売上」の宛名欄のセル番地の定数を定義しているコードのみを変更すればよいため、勘違いする恐れを大幅に減らせるでしょう。

　このように「異なる意味の同じ文字列」は、変化への対応を誤りなく効率的に実施するためにも、定数化しておくことが望まれます。

第6章　数値や文字列は定数に置き換えよう

> **COLUMN**
>
> ## 定数化するタイミング
>
> 　本書サンプルsample1.xlsmの作成の流れは、前章までに数値や文字列を直接記述したプログラムを作成し、本章で定数化しました。定数化はあとから行ったことになります。その他の作成の流れとしては、最初から定数化しながらプログラムを記述するというパターンもあります。
>
> 　基本的には、定数化は先でも後でも好みで構いません。プログラミングに慣れていない間は、後で定数化したほうがスムーズでしょう。その際、あとで定数化することを見越し、直接記述した数値や文字列の箇所にコメントで意味などを残しておくと、あとの作業がラクになります。また、ワークシート名のように、あとで何度も登場するのがわかっている数値や文字列については、先に定数化しておくと効率的です。

6-7

知っておきたい定数の知識やノウハウ

複数の列番号の定数化はどうすべき？

　ここまで本章では、直接記述された数値や文字列の問題と、定数による解決を学びました。最後に本節にて、知っておくと便利な定数の知識やノウハウをいくつか取り上げます。sample1.xlsmのコードを例に解説しますが、コードには反映させず、紹介のみとします。本書読了後に余裕があれば、ご自分のお手元のコードなどで試してみるとよいでしょう。

　まずは複数の列番号の定数化におけるちょっとしたワザです。sample1.xlsmでは列番号定数として、たとえば売上データの転記先である請求書の表では、定数DST_COL_DATEを1、定数DST_COL_ITEMを2……と、A列（1列目）からE列（5列目）まで順に計5つの定数を定義しました。こ

れにより列の入れ替えなどの変化に対応しやすくなりました。

これはこれで便利なのですが、たとえば「請求書の表全体が1列右にずれる」というレイアウト変更があったとします。それに対応するには、各定数の数値を1ずつ増やす必要があり、少々面倒です。現在の定数定義のやり方はわかりやすいものの、そういった欠点があります。

そこで、定数の値の設定方法をちょっと工夫します。一番左の列「日付」を基準に、ほかの列を相対的に指定するのです。イメージは「列『日付』から何列離れているか」です。日付の列番号を基準に、何列離れているかの数値を足すように指定します。たとえば、列「顧客」の定数DST_COL_ITEMなら、列「日付」の1列右なので、値は「列『日付』の列番号＋1」と指定します。

```
Const DST_COL_ITEM As Long = DST_COL_DATE + 1
```

このように、定数の値の指定には、数値や文字列だけでなく、すでに定義されている別の定数や算術演算子を使うことができます。

注意が必要なのが、定数DST_COL_ITEMの定義のコードの前に、定数DST_COL_DATEの定義のコードを記述しておく必要があることです。後ろに記述してしまうと、定数DST_COL_ITEMの定義のコードの時点では、定数DST_COL_DATEは未定義と見なされるので、コンパイルエラーになってしまいます。

残り3つの定数も同様の方法で定義すると以下になります。

```
Const DST_COL_DATE As Long = 1
Const DST_COL_ITEM As Long = DST_COL_DATE + 1
Const DST_COL_PRICE As Long = DST_COL_DATE + 2
Const DST_COL_QTY As Long = DST_COL_DATE + 3
Const DST_COL_SUBTTL As Long = DST_COL_DATE + 4
```

これで、もし表全体が列方向に移動しても、列「日付」の定数DST_COL_DATEの値だけ変更すれば、残りの定数の値も自動で変更されるので、大幅に少ない手間で変化に対応できます。列の入れ替えに対しても、該当列の定数の値で足す数値を変更すればよいので、これまでと同じように対応できます。

第 6 章　数値や文字列は定数に置き換えよう

▶ 図 6-7　特定のセルを基準にした定数定義のやり方

基準となる列番号の定数も加える

　先ほどの定数定義のワザは、あくまでも列「日付」が表の中の 1 列目（相対的な位置としての 1 列目）という前提でした。そのため、列「日付」を 2 列目以降に入れ替えたいといった変化には弱いです（数値を引くよう指定すれば対応できますが、足したり引いたりで少々わかりづらくなってしまいます）。

　そこで、1 列目の定数を別途追加します。データの列のための定数ではなく、各列の位置を指定する際の基準としてだけ用いる定数です。列「日付」をはじめとする 5 つの列は、その基準の列の定数から何列離れているかで指定します。そのため、1 列目は基準の列と同じ数値になります。

　具体例を示しましょう。基準となる列の定数名は「DST_COL_BASE」とします。5 つの定数と合わせて、以下のように定義します。

```
Const DST_COL_BASE As Long = 1
Const DST_COL_DATE As Long = DST_COL_BASE
Const DST_COL_ITEM As Long = DST_COL_BASE + 1
Const DST_COL_PRICE As Long = DST_COL_BASE + 2
Const DST_COL_QTY As Long = DST_COL_BASE + 3
Const DST_COL_SUBTTL As Long = DST_COL_BASE + 4
```

　基準となる列の定数 DST_COL_BASE は値を 1 として定義します。1 列

目となる列「日付」の定数DST_COL_DATEは、基準の列の定数DST_COL_BASEと値が同じなので、値にそのまま指定します。2列目となる列「商品名」の定数DST_COL_ITEMは、基準の定数DST_COL_BASEに1を足した値を指定します。残りの定数の値もすべて、基準の定数DST_COL_BASEからどれだけ離れているかの数値を足すよう指定します。

このようにすべての定数の値は定数DST_COL_BASEを基準に指定します。定数DST_COL_BASEそのものは定数を定義するコードでしか使わず、Cellsの第2引数などほかのコードでは使いません。

ポイントは基準の列と列「日付」を別々に定数化したことです。列「日付」が表の1列目として固定されなくなったため、自由度が高まりました。仮に、列「日付」を2列目に、列「商品名」を1列目に入れ替えるなら、両定数の値を次のように変更すればよいことになります。

```
Const DST_COL_DATE As Long = DST_COL_BASE + 1
Const DST_COL_ITEM As Long = DST_COL_BASE
```

それでいて、表全体の列方向への移動も、定数DST_COL_BASEの値を変えるだけで対応できてしまいます。コードがより整理され、さらに変化に対応しやすくなりました。

その他に列番号を定義する方法としては、「列挙型」という仕組みを利用したものものあります。定数とは異なる仕組みであり、少々高度な方法ですが、連番を扱う際に特に便利です。本節末コラムで簡単に紹介しておきます。

文字列の定数の値の定義に数値の定数を利用する

ここまで紹介したワザはいわば、「定数の値を別の定数を用いて定義」するものです。数値にも文字列にも利用できます。さらには文字列の定数と数値の定数を組み合わせることもできます。

たとえば、sample1.xlsmの定数DST_TBL_SALESは「Const DST_TBL_SALES As String = "A10:F19"」と、値は文字列「A10:F19」を定義しています。定数DST_TBL_SALESは請求書の売上の表のセル範囲であり、この値の「10」の部分は表の先頭行番号になります。請求書の表の先頭行番

第 6 章　数値や文字列は定数に置き換えよう

号といえば、別に定数DST_RW_BGNとして「DST_RW_BGN As Long = 10」と10を定義しているのでした。

　そこで、定数DST_TBL_SALESの定義における「10」の部分に定数DST_RW_BGNを用いて、次のように定義することも可能です。

```
Const DST_TBL_SALES As String = "A" & DST_RW_BGN & ":F19"
```

　「10」の部分を定数DST_RW_BGNに置き換え、前後を＆演算子（文字列を連結する演算子）で連結しています。このように定義すると、もし請求書の表の先頭行番号が移動した場合、定数DST_RW_BGNの値を変更するだけで、定数DST_TBL_SALESも変更に自動で対応できるようになります。

COLUMN

列挙型のキホン

　「列挙型」とは、複数の数値をまとめて扱えるようにするための仕組みです。各値は1つの変数名を軸に扱います。その変数は「列挙型変数」と呼ばれます。列挙型変数の定義の書式は以下です。

▶ **書式**

```
Enum 変数名
    子要素名1 = 値1
    子要素名2 = 値2
        :
End Enum
```

　P.99で解説したOption Explicit同様、モジュールレベルでしか定義できないので、必ず宣言セクション（プロシージャの外、モジュールの冒頭）に記述する点に注意してください。

　たとえば、本書サンプルsample1.xlsmの請求書の表の列番号を列挙型変数で定義するなら、次のように宣言セクションに記述します。変数名は「dstCol」として、子要素は「Date」など列名に応じて以下のように指定するとします。

162

6-7 知っておきたい定数の知識やノウハウ

```
Enum dstCol
    Date = 1
    Item = 2
    Price = 3
    Qty = 4
    Subtotal = 5
End Enum
```

これで、「dstCol.子要素名」の形式で記述すれば、指定した子要素の数値として処理に使えます。その際、「dstCol.」まで記述すると、子要素の一覧がポップアップで表示されるので、ダブルクリックすれば入力できるのがメリットです。加えて、列挙型変数dstCol以下の要素として、階層的に管理できるのもメリットです。

なお、列挙型変数は最初の子要素の値さえ指定すれば、以降の子要素は名前を記述するだけで、連番が自動で振られます。さらに最初の子要素の値を省略すると、自動で0が振られます。その場合、残りの子要素は1からの連番が振られることになります。

このように連番を定義する際に手間を大幅に減らせるのもメリットですが、具体的な数値が記述されないため、「理解しやすさ」が下がるデメリットもあります。このメリットとデメリットを踏まえて使い分けるといいでしょう。

第 6 章　数値や文字列は定数に置き換えよう

第 **7** 章

共通するコードは
まとめよう

第7章　共通するコードはまとめよう

7-1

何度も登場するオブジェクトをまとめよう

オブジェクトの記述をまとめる2つの方法

　本書サンプルsample1.xlsmのコードも最初の状態に比べて、ずいぶん"良いコード"になりましたが、まだいくつか改善点は残っています。「コードの重複」の観点で改めて眺めてみると、以下の2つの記述が重複してたくさんあることに気づくでしょう。

- Worksheets(WS_INVOICE)
- Worksheets(WS_SALES)

　いずれもワークシートのオブジェクトです。前者はワークシート「請求書」であり、コード内には計9ヵ所も記述されています。後者はワークシート「売上」であり、こちらは計8ヵ所あります。ともにRangeやCellsで記述したセルのオブジェクトの親オブジェクトとして用いています。

　ワークシート名の変更という変化については、定数化によって対応しやすくなったものの、重複する記述が何ヵ所もあると、コード全体が読みづらくなっているなど、良いコードの条件である「理解しやすい」と「整理されている」の面で良くありません。そこで、これら2つのワークシートのオブジェクトの記述をまとめましょう。

　重複するオブジェクトの記述をまとめるには、VBAの文法上、数値や文字列のように定数は使えません。「Withステートメント」と「オブジェクト変数」のいずれかを利用しなければなりません。

7-1 何度も登場するオブジェクトをまとめよう

▶ 図 7-1　sample1.xlsmの重複記述箇所

Withステートメントとオブジェクト変数の使い分け方

　重複するオブジェクトの記述をまとめる2つの方法であるオブジェクト変数とWithステートメントは、どのように使い分ければよいでしょうか？

第 7 章　共通するコードはまとめよう

基本的には以下の基準で使い分けます。

- 1 つのコード内にまとめたいオブジェクトが複数ある？
　　　➡ Yes：オブジェクト変数
　　　➡ No：With ステートメントまたはオブジェクト変数

　With ステートメントは文法上、1 つのコードで 1 つのオブジェクトしかまとめることができません。一方、オブジェクト変数なら複数のオブジェクトでもまとめられます。そのため、上記のように使い分けるのです。

　この使い分け方だけ見ると、With ステートメントは不要に思えるかもしれませんが、オブジェクト変数にはないメリットがあります。まず、どのオブジェクトがまとめられているのか、「With」のすぐ後ろを見ればわかることです。オブジェクト変数は代入しているコードまでさかのぼらないとわかりません。また、「End With」との間に記述され、かつ、インデントされることにより、まとめる対象のコードが一目でわかることもメリットです。このメリットを踏まえ、オブジェクト変数と使い分けましょう。

　今回の sample1.xlsm のコードの場合、図 7-1 で提示した該当コードを見ると、1 つのコード内にまとめたいオブジェクト（ワークシート「請求書」と「売上」）が 2 つあります。そのため、オブジェクト変数が適しているのでそちらを採用します。なお、With ステートメントの使い方についても 7.3 節で簡単に解説します。

オブジェクト変数のキホンをおさらい

　オブジェクト変数とは、オブジェクトを格納する変数です。宣言するコードの書式は通常の変数と基本的に同じですが、データ型の部分は、格納したいオブジェクトの種類に応じて記述します。代表的なオブジェクト型は 5-6 節（P.116）でも紹介した、セルの「Range」、ワークシートの「Worksheet」、ブックの「Workbook」です。単体のワークシート、ブックを格納する変数になります。ワークシートとブックのスペルは最後に「s」が付かない点に注意してください。

　たとえば、名前が「woo」で、ワークシートのオブジェクトを格納する変

7-1　何度も登場するオブジェクトをまとめよう

数なら、次のように宣言します。

```
Dim woo As Worksheet
```

　オブジェクト型変数にオブジェクトを代入する際は、Setステートメント
を使うように決められています。Setステートメントの書式は次のとおりです。

▶ **書式**

```
Set 変数名 = オブジェクト
```

　通常の変数の代入のように「＝」だけでなく、「Set」も必ず記述しないとエ
ラーになる点に注意しましょう。「＝」の後ろには、代入したいオブジェクト
を記述します。プロパティやメソッドは付けず、オブジェクトのみを記述し
ます。
　たとえば、先ほど例に挙げたWorksheet型変数wooに、1番目のワーク
シートのオブジェクト（Worksheets(1)）を格納するには、以下のコードを
記述します。

```
Set woo = Worksheets(1)
```

　これで以降のコードでは、変数wooを「Worksheets(1)」として処理に用
いることができるようになります。「woo.Range("A1").Value」などセルの
親オブジェクトに使ったり、「woo.Name」のようにNameプロパティを付
けてワークシート名を操作したりすることなどができます。
　なお、オブジェクト変数のデータ型には、あらゆる種類のオブジェクトを
格納できる「Object」という型、またはオブジェクトを含めどんな種類のデー
タも格納できるVariant型（P.109参照）を指定することもできます。この
2つのデータ型を使えば、いちいちオブジェクトの種類に応じてデータ型を
指定する必要がなくなり、一見便利です。しかし、どのような種類のオブジェ
クトを格納して使うのか、コードを読んだだけではわからなくなってしまい
ます。本書では、コードをより理解しやすくするため、オブジェクトの種類
に応じたデータ型を指定するとします。

169

第 7 章　共通するコードはまとめよう

7-2

サンプルの重複するオブジェクトを変数にまとめよう

オブジェクトをまとめる変数を決めよう

　それでは、本書サンプルsample1.xlsmにて、それぞれ何ヵ所も登場しているワークシート「請求書」および「売上」のオブジェクトを、オブジェクト変数でまとめてみましょう。

- Worksheets(WS_INVOICE)
- Worksheets(WS_SALES)

　まずは変数名を考えます。変数名は自由に付けることができますが、今回はワークシートとわかるよう、冒頭には「Worksheet」の短縮形として「ws」を付けるとします。「ws」の後は、ワークシート「請求書」のオブジェクトを格納する変数なら、請求書とわかるよう、英語「invoice」を付けるとします。ワークシート「売上」の変数なら、売上とわかるよう、英語「sales」を付けるとします。

　変数なので、これらをキャメルケース（ローワーキャメルケース）でつなげます。すると、以下のようになります。

- ワークシート「請求書」のオブジェクト用：wsInvoice
- ワークシート「売上」のオブジェクト用：　wsSales

　変数 wsInvoice と定数 WS_INVOICE、変数 wsSales と定数 WS_SALESは似たようなスペルですが、大文字小文字の違いによって見た目が大きく異なるので、見間違える心配はほとんどないでしょう。このように変数名や定数名はスペルとともに、大文字小文字の組み合わせ方、記号の交え方も注意するとよいでしょう。

　もう少し紛らわしくない名前にしたい場合には、定数名をワークシートの

170

名前ということで最後に「_NAME」を付け足して、「WS_INVOICE_NAME」や「WS_SALES_NAME」などと命名するのもよいでしょう。特にもし今後、ワークシート関係の定数を複数種類使うことになったら、「WS_INVOICE」など現状の名前では、各定数の区別が付けられなくなるので、何かしらの単語を足す必要が生じるでしょう。

同じ綴りで大文字小文字が違う名前はVBAでは使えない

VBAは文法上、アルファベットの大文字と小文字を区別しません。厳密に言えば、コードウィンドウ上では大文字と小文字を分けて記述することができますが、実行時には区別されません。このため、大文字小文字が異なるだけの同じスペルの変数や定数は同時に使えません。

もし、スネークケースで「ws_invoice」「ws_sales」という名前にしてしまうと、定数WS_INVOICE、WS_SALESと同じ名前になり、使えなくなるので注意が必要です。

サンプルで重複するオブジェクトを変数でまとめよう

2つの変数名を決めたところで、重複するオブジェクトを変数でまとめるよう、コードを書き換えてみましょう。

まずは変数wsInvoiceとwsSalesを宣言するコードを考えましょう。データ型は、両者ともワークシートのオブジェクトを格納するので、Worksheet型になります。

```
Dim wsInvoice As Worksheet
Dim wsSales As Worksheet
```

続けて、変数wsInvoiceにワークシート「請求書」のオブジェクト「Worksheets(WS_INVOICE)」を代入するコードと、変数wsSalesにワークシート「売上」のオブジェクト「Worksheets(WS_SALES)」を代入するコードを考えましょう。

オブジェクトの代入なので、Setステートメントを使う必要があります。前節でおさらいしたSetステートメントの書式に従うと、次のようになります。

第7章　共通するコードはまとめよう

```
Set wsInvoice = Worksheets(WS_INVOICE)
Set wsSales = Worksheets(WS_SALES)
```

　では、ここまでに考えた4行のコードをSubプロシージャ「makeInvoice」
に追記しましょう。追記する場所は、変数を宣言している領域の末尾としま
す。その際、コメントも以下のように添えるとします。また、コード全体が
より見やすくなるよう、両変数に代入するコードの前後に空行を挿入します。
また、定数・変数宣言の領域との区切り目については2行分の空行を残し
ておき、見た目のわかりやすさを残します。

▶ リスト　オブジェクト変数を追加する前

```
            :
Dim srcRwSales As Long '売上データの転記元行番号
Dim dstRwSales As Long '売上データの転記先行番号


'---- 宛名と日付の作成 ----
            :
```

▶ リスト　オブジェクト変数追加後

```
            :
Dim srcRwSales As Long '売上データの転記元行番号
Dim dstRwSales As Long '売上データの転記先行番号
Dim wsInvoice As Worksheet 'ワークシート「請求書」の変数
Dim wsSales As Worksheet 'ワークシート「売上」の変数


Set wsInvoice = Worksheets(WS_INVOICE)
Set wsSales = Worksheets(WS_SALES)

'---- 宛名と日付の作成 ----
            :
```

　これで、2つのWorksheet型のオブジェクト変数wsInvoiceとwsSales
を宣言するコード、および、それぞれワークシートのオブジェクトを代入す

るコードを追加できました。「Worksheets(WS_INVOICE)」は変数wsInvoiceに、「Worksheets(WS_SALES)」は変数wsSalesに置き換え可能となりました。

次は、9ヵ所ある「Worksheets(WS_INVOICE)」を変数wsInvoiceに、8ヵ所ある「Worksheets(WS_SALES)」を変数wsSalesに置き換えます。置き換える箇所が多いので、作業前にコードをバックアップしておくと安心です。

▶ リスト　変更前

```
        :
'---- 宛名と日付の作成 ----
Worksheets(WS_INVOICE).Range(DST_CONAME).Value _
    = Worksheets(WS_SALES).Range(ORG_CONAME).Value '宛名

'日付。Dateで作成(実行)した日を取得。TODAY関数だと開いた日になる
Worksheets(WS_INVOICE).Range(DST_DATE).Value = Date


'---- 売上データを抽出・転記 ----
'請求書の表を先に消去。前回転記したデータが残るのを防ぐため
Worksheets(WS_INVOICE).Range(DST_TBL_SALES).ClearContents

'転記先行番号を請求書の表の先頭に設定
dstRwSales = DST_RW_BGN

'抽出・転記処理の本体
For srcRwSales = SRC_RW_BGN To SRC_RW_END '転記元の表の先頭から末尾を処理
    '作成対象の顧客なら転記
    If Worksheets(WS_SALES).Cells(srcRwSales, SRC_COL_CSTMR).Value _
        = Worksheets(WS_SALES).Range("B3").Value Then
      Worksheets(WS_INVOICE).Cells(dstRwSales, DST_COL_DATE).Value _
          = Worksheets(WS_SALES).Cells(srcRwSales, SRC_COL_DATE).Value '日付
      Worksheets(WS_INVOICE).Cells(dstRwSales, DST_COL_ITEM).Value _
          = Worksheets(WS_SALES).Cells(srcRwSales, SRC_COL_ITEM).Value '商品名
      Worksheets(WS_INVOICE).Cells(dstRwSales, DST_COL_PRICE).Value _
          = Worksheets(WS_SALES).Cells(srcRwSales, SRC_COL_PRICE).Value '単価
```

第 7 章　共通するコードはまとめよう

```
            Worksheets(WS_INVOICE).Cells(dstRwSales, DST_COL_QTY).Value _
                = Worksheets(WS_SALES).Cells(srcRwSales, SRC_COL_QTY).Value '数量
            Worksheets(WS_INVOICE).Cells(dstRwSales, DST_COL_SUBTTL).Value _
                = Worksheets(WS_SALES).Cells(srcRwSales, SRC_COL_SUBTTL).Value '小計

            dstRwSales = dstRwSales + DST_RW_STEP '転記先の行を1つ進める
        End If
Next


'---- 後処理 ----
Worksheets(WS_INVOICE).Activate
            :
```

▶ リスト　wsInvoice と wsSales に置き換えた後

```
        :
'---- 宛名と日付の作成 ----
wsInvoice.Range(DST_CONAME).Value _
    = wsSales.Range(ORG_CONAME).Value '宛名

'日付。Date で作成 (実行) した日を取得。TODAY 関数だと開いた日になる
wsInvoice.Range(DST_DATE).Value = Date


'---- 売上データを抽出・転記 ----
'請求書の表を先に消去。前回転記したデータが残るのを防ぐため
wsInvoice.Range(DST_TBL_SALES).ClearContents

'転記先行番号を請求書の表の先頭に設定
dstRwSales = DST_RW_BGN

'抽出・転記処理の本体
For srcRwSales = SRC_RW_BGN To SRC_RW_END '転記元の表の先頭から末尾を処理
    '作成対象の顧客なら転記
    If wsSales.Cells(srcRwSales, SRC_COL_CSTMR).Value _
        = wsSales.Range("B3").Value Then
        wsInvoice.Cells(dstRwSales, DST_COL_DATE).Value _
            = wsSales.Cells(srcRwSales, SRC_COL_DATE).Value '日付
```

7-2　サンプルの重複するオブジェクトを変数にまとめよう

```
        wsInvoice.Cells(dstRwSales, DST_COL_ITEM).Value _
            = wsSales.Cells(srcRwSales, SRC_COL_ITEM).Value '商品名
        wsInvoice.Cells(dstRwSales, DST_COL_PRICE).Value _
            = wsSales.Cells(srcRwSales, SRC_COL_PRICE).Value '単価
        wsInvoice.Cells(dstRwSales, DST_COL_QTY).Value _
            = wsSales.Cells(srcRwSales, SRC_COL_QTY).Value '数量
        wsInvoice.Cells(dstRwSales, DST_COL_SUBTTL).Value _
            = wsSales.Cells(srcRwSales, SRC_COL_SUBTTL).Value '小計


        dstRwSales = dstRwSales + DST_RW_STEP '転記先の行を１つ進める
    End If
Next


'---- 後処理 ----
wsInvoice.Activate
        :
```

　すべて置き換えられたら、動作確認して、置き換え前と同様に正しく動作することを確かめておきましょう。

　これで何ヵ所もあったワークシートのオブジェクトの記述「Worksheets(WS_INVOICE)」と「Worksheets(WS_SALES)」がそれぞれ変数にまとめられて、コード全体の見た目がすっきりしました。

　定数WS_INVOICEとWS_SALESについても、まとめる前は何ヵ所にも記述されていたのが、オブジェクト変数に代入するコードのみになりました。たとえば定数名を変更したいとなった場合、まとめる前は該当箇所をすべて変更する必要がありましたが、まとめことによって１ヵ所のみで済むようになり、変化により対応しやすくなりました。

階層構造のオブジェクトならもっと効果的

　なお、今回はまとめるオブジェクトがワークシートのみだったため、まとめる効果をそれほど感じられなかったかもしれませんが、階層構造のオブジェクトなら効果をより実感できます。

　たとえば親オブジェクトがブック、子オブジェクトがワークシートという

175

第7章　共通するコードはまとめよう

階層構造となったオブジェクトです。その記述が何ヵ所も登場するコードでは、変数にまとめることで、コード全体の見た目が飛躍的にすっきりします。

たとえば次のようなコードがあるとします（途中で改行しています）。

```
Worksheets("2019年9月").Range("B2").Value _
    = Workbooks("売上管理.xlsx").Worksheets("渋谷店").Range("A4").Value
```

処理内容は、ブック「売上管理.xlsx」のワークシート「渋谷店」のA4セルの値を、ワークシート「2019年9月」のB2セルに転記するコードになります。ワークシート「2019年9月」はこのコードのマクロが含まれるブックのものであり、現在このブックがアクティブになっている（前面に表示されている）とします。

上記コードの「＝」の後ろがブック「売上管理.xlsx」のワークシート「渋谷店」のA4セルの値です。そのうち、ブック「売上管理.xlsx」のワークシート「渋谷店」は、「Workbooks("売上管理.xlsx").Worksheets("渋谷店")」が該当しますが、長めのコードと言えます。これを変数にまとめてみましょう。

変数の型は階層構造の一番下のオブジェクトの種類のものを使います。今回の例は「ブック.ワークシート」という、ありがちなオブジェクトの階層構造です。この場合、一番下のワークシートオブジェクトのWorksheet型変数を用います。

変数名を「wsSrc」とすると、先ほどのコードは以下のようにまとめられます。

```
Dim wsSrc As Worksheet

Set wsSrc = Workbooks("売上管理.xlsx").Worksheets("渋谷店")
Worksheets("2019年9月").Range("B2").Value _
        = wsSrc.Range("A4").Value
```

転記のコードの「＝」の後ろは「wsSrc.Range("A4").Value」とシンプルになりました。改行する必要がないほど短いコードになっています。

176

7-3 Withステートメントで重複をまとめる

7-3

Withステートメントで重複をまとめる

Withステートメントのキホンをおさらい

前節までに、オブジェクト変数を用いて、複数のオブジェクトの記述をまとめました。ここでは、オブジェクトをまとめるためのもう1つの方法である、Withステートメントについて解説します。書式は次のとおりです。

▶ **書式**

```
With オブジェクト
    .プロパティなど
    .メソッドなど
        :
End With
```

「With」の後ろに、まとめたいオブジェクトを記述します。すると、「End With」との間は、そのオブジェクトを省略できます。その結果、そのオブジェクト部分をそのまま取り除いたコードを記述することになります。プロパティやメソッドを「.」から始まるかたちで記述したり、子オブジェクトを「.」から記述したりします。いずれにせよ、「.」から始まるのがポイントです。

言葉で説明するよりも、具体例をお見せしたほうが早いでしょう。本書サンプルsample1.xlsmで、Ifステートメント内にある「日付」から「小計」までのデータを転記するコードで例を示します（ここは見て確認していただくだけで大丈夫です。手元のコードは変更しないでください）。

該当コードは以下の10行（途中で改行しているので実質は5行）です。

177

第 7 章 共通するコードはまとめよう

▶ リスト　まとめる前

```
Worksheets(WS_INVOICE).Cells(dstRwSales, DST_COL_DATE).Value _
    = Worksheets(WS_SALES).Cells(srcRwSales, SRC_COL_DATE).Value '日付
Worksheets(WS_INVOICE).Cells(dstRwSales, DST_COL_ITEM).Value _
    = Worksheets(WS_SALES).Cells(srcRwSales, SRC_COL_ITEM).Value '商品名
Worksheets(WS_INVOICE).Cells(dstRwSales, DST_COL_PRICE).Value _
    = Worksheets(WS_SALES).Cells(srcRwSales, SRC_COL_PRICE).Value '単価
Worksheets(WS_INVOICE).Cells(dstRwSales, DST_COL_QTY).Value _
    = Worksheets(WS_SALES).Cells(srcRwSales, SRC_COL_QTY).Value '数量
Worksheets(WS_INVOICE).Cells(dstRwSales, DST_COL_SUBTTL).Value _
    = Worksheets(WS_SALES).Cells(srcRwSales, SRC_COL_SUBTTL).Value '小計
```

このコードで「Worksheets(WS_INVOICE)」をWithステートメントでまとめると次のようになります。

▶ リスト　Withステートメントでまとめた後

```
With Worksheets(WS_INVOICE)
    .Cells(dstRwSales, DST_COL_DATE).Value _
        = Worksheets(WS_SALES).Cells(srcRwSales, SRC_COL_DATE).Value '日付
    .Cells(dstRwSales, DST_COL_ITEM).Value _
        = Worksheets(WS_SALES).Cells(srcRwSales, SRC_COL_ITEM).Value '商品名
    .Cells(dstRwSales, DST_COL_PRICE).Value _
        = Worksheets(WS_SALES).Cells(srcRwSales, SRC_COL_PRICE).Value '単価
    .Cells(dstRwSales, DST_COL_QTY).Value _
        = Worksheets(WS_SALES).Cells(srcRwSales, SRC_COL_QTY).Value '数量
    .Cells(dstRwSales, DST_COL_SUBTTL).Value _
        = Worksheets(WS_SALES).Cells(srcRwSales, SRC_COL_SUBTTL).Value '小計
End With
```

このようにWithステートメントによって、5ヵ所あった「Worksheets(WS_INVOICE)」を「With」の後ろの1ヵ所にまとめることができます。そして、まとめる前に「Worksheets(WS_INVOICE)」が記述されていた箇所は、すべて「.」から始まるようになっています。

期 7-4　共通する処理はくくり出してまとめる

7-4

共通する処理はくくり出してまとめる

サンプルの紹介（sample2.xlsm）

　ここまで、重複する数値や文字列、オブジェクトをまとめてきました。こ
れらはあくまでも命令文の中にある一部の記述としてまとめてきたのです
が、これらに加えて、重複した複数の命令文そのものをまとめることもでき
ます。いったいどういうことなのか、具体的な例を見ながら解説します。

　なお、本節からはsample1.xlsmではなく、解説するトピックごとにサン
プルを用いていきます。本節から7-6節まで用いるサンプルは「sample2.
xlsm」で、機能は「CSVデータの簡易的な読み込み」です。

- CSVファイルの指定した行のデータを、ワークシートの指定した行に転記
  して読み込む
- 読み込むデータは1行のみ
- CSVファイルの名前は「data.csv」として、すでにExcelで開いているも
  のとする

sample2.xlsmの使い方

　操作手順としては、まずはワークシート「Sheet1」上の[CSV読み込み]
ボタンをクリックします。すると、インプットボックス（データを入力する
簡易的な画面。InputBox関数で表示する）が表示されるので、読み込みた
いCSVファイルの行番号の数値を入力します。続けて再びインプットボッ
クスが表示されるので、ワークシート「Sheet1」の読み込み先の行番号の数
値を入力すると、データが読み込まれます。

　さらに機能として、ちょっとしたエラー処理も実装しています。2つのイ
ンプットボックスにて、もしアルファベットなど数値以外が入力されたら、
データは読み込まず、以下の3つの処理を以下の順で行うとします。

179

- 「不適切な値が入力されました。CSVファイルを閉じ、プログラムを終了します」というメッセージボックスを表示
- CSVファイル「data.csv」を閉じる
- プログラム全体を強制的に終わらせる

▶ 図 7-2　sample2.xlsmが行う処理の流れ

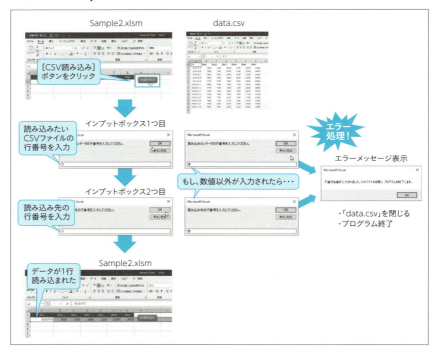

　なお、CSVファイルのデータをワークシートに読み込むプログラムは通常、複数の行を一気に読み込んだり、自動で既存データの末尾に追加されるよう読み込んだりするなど、もっと高度な機能を備えるケースが多いのですが、今回は解説をよりシンプルにするため、あえてこのような簡易的な機能にしてあります。

7-4 共通する処理はくくり出してまとめる

sample2.xlsmのコード

sample2.xlsmのコードは以下です。Subプロシージャは「getCsvData」が1つのみです。ワークシート上の[CSV読み込み]ボタンのマクロとして登録しており、クリックで実行されます。同ボタンは図形で作成しています。

▶ リスト sample2.xlsmのコード

```
1  Option Explicit
2
3  Sub getCsvData()
4      Dim srcRw As Variant
5      Dim dstRw As Variant
6
7      srcRw = InputBox("読み込みたいCSVファイルの行番号を入力してください。")
8
9      If IsNumeric(srcRw) = False Then
10         MsgBox "不適切な値が入力されました。CSVファイルを閉じ、プログラムを終了します。"
11         Workbooks("data.csv").Close
12         End
13     End If
14
15     dstRw = InputBox("読み込み先の行番号を入力してください。")
16
17     If IsNumeric(dstRw) = False Then
18         MsgBox "不適切な値が入力されました。CSVファイルを閉じ、プログラムを終了します。"
19         Workbooks("data.csv").Close
20         End
21     End If
22
23     'CSVファイルからデータを転記
24     Workbooks("data.csv").Worksheets(1).Rows(srcRw).Copy
25     ThisWorkbook.Worksheets(1).Cells(dstRw, 1).PasteSpecial Paste:=xlValues
26 End Sub
```

7行目にて、InputBox関数によって入力されたCSVの行番号をVariant型変数srcRwに格納しています。9行目のIfステートメントでは、IsNumeric関数によって数値がどうか判定し、もし数値でなければ中に入っ

181

第 7 章　共通するコードはまとめよう

てエラー処理を実行しています。IsNumeric関数は引数に指定した値が数値ならTrue、そうでなければFalseを返すVBA関数です。

　読み込み先の行についても、15行目にてInputBox関数によって入力された値をVariant型変数dstRwに格納し、17行目のIfステートメントで同様のチェックおよびエラー処理を行っています。なお、両変数がVariant型である理由は7-6節末のコラム「なぜVariant型にするの？」で改めて解説します。

まったく同じコードが3行ある！

　このコードで注目してほしいのは、エラー処理である2つのIfステートメントの中身（10～12行目と18～20行目）です。2つのIfステートメントに共通した処理であり、まったく同じ3行のコードとなっています。

　このように重複した複数の命令文があるとどうして良くないのか、ここまで繰り返し説明してきましたね。数値や文字列やオブジェクトと同じく、見た目がごちゃごちゃして読みづらくなるだけでなく、変化に対応する際に多くの手間と時間を要し、かつ、ミスに悩まされることになります。しかも、重複したコードの分量は数値や文字列やオブジェクトよりもはるかに多いので、その弊害もより大きくなるでしょう。

　そこで、これら3行のコードをまとめ、重複を解消し、より良いコードにしていきましょう。

7-5

共通する処理をSubプロシージャにくくり出す

Subプロシージャにまとめ、Callで呼び出す

　共通する処理の重複したコードをまとめるには、主にSubプロシージャを利用します。Subプロシージャは、ここまで本書でも登場していましたが、

7-5 共通する処理をSubプロシージャにくくり出す

それらは乱暴な言い方をすれば、単なる命令文の入れ物として、マクロとして実行するためにVBAの文法上必要だから使ってきたようなものでした。

実はSubプロシージャはそれだけでなく、コードをまとめる用途にも使えるのです。まとめる流れは、元のSubプロシージャの中で重複する複数のコードをくくり出して、別に用意したSubプロシージャに移行してまとめます。そして、元のSubプロシージャでは、まとめたSubプロシージャを呼び出して実行します。

呼び出すにはCallステートメントを用います。基本的な書式は次のとおりです。Callの後ろにプロシージャ名のみを記述します。

▶ **書式**

```
Call プロシージャ名
```

Callステートメントで呼び出すと、その呼び出し先のプロシージャに移動し、中身のコードが実行されます。実行し終わったら、呼び出し元のステートメントに戻り、Callステートメントの次のコードから実行されていきます。

注意してほしいのは、Callのあとに記述するのはプロシージャ名のみであり、「()」(空のカッコ)は不要ということです。とはいえ、もし間違って「()」を記述しても、別の行に移動するとVBEが自動で削除してくれます。

このCallステートメントの仕組みを踏まえ、重複する複数のコードをまとめる仕組みを改めて解説します。まずは元のSubプロシージャの中で、重複する複数のコードの部分を先述のとおり、別途用意した呼び出し先のSubプロシージャにくくり出してまとめます。元のSubプロシージャが呼び出し元となります。

そして、呼び出し元のSubプロシージャにて、重複していた複数のコードの替わりに、呼び出し先のSubプロシージャをCallで呼び出して実行するコードに置き換えます。くくり出した箇所すべて置き換えます。これで、重複していたコードは呼び出し先のSubプロシージャの1ヵ所にまとめられ、かつ、それらの処理はそのSubプロシージャを呼び出すことで、まとめる前と同じ処理結果が得られるようになります。

第 7 章　共通するコードはまとめよう

▶ 図 7-3　共通処理をプロシージャにまとめ、Call で呼び出す

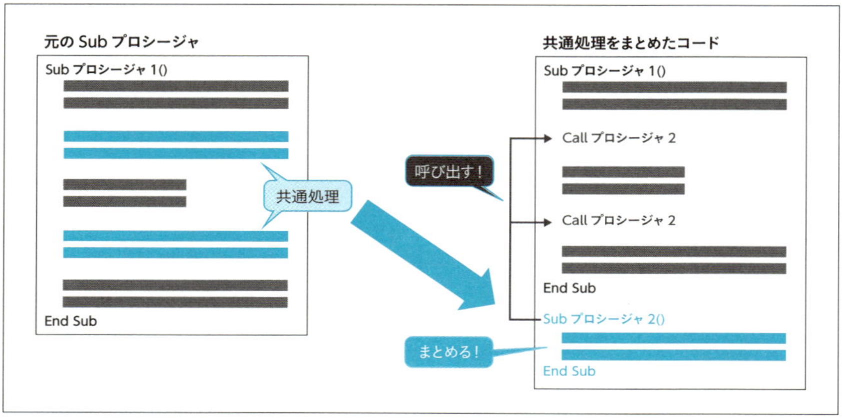

サンプルで重複するコードをまとめよう

　それでは、sample2.xlsmのコードにて、重複する3行のコードをSubプロシージャでまとめてみましょう。まとめるためのSubプロシージャの名前は、今回は「rwValid」とします。参考までに命名の由来は、「rw」は行の「row」、「Valid」は妥当性確認などの意味である「validation」の省略形です。

　このSubプロシージャ「rwValid」を追加する場所は、Subプロシージャ「getCsvData」の下とします。中身の処理は、重複する3行のコードをそのまま移行すればOKです。そして、重複する3行のコードがあった箇所には、Subプロシージャ「rwValid」をCallステートメントで呼び出して実行するコードに置き換えます。

▶ リスト　sample2.xlsmのコードに追加・変更した箇所

```
Option Explicit

Sub getCsvData()
    Dim srcRw As Variant
    Dim dstRw As Variant
```

7-5　共通する処理を Sub プロシージャにくくり出す

```
    'CSVの行を指定
    srcRw = InputBox("読み込みたいデータの行番号を入力してください。")

    If IsNumeric(srcRw) = False Then
        Call rwValid
    End If

    '読み込み先の行を指定
    dstRw = InputBox("読み込み先の行番号を入力してください。")

    If IsNumeric(dstRw) = False Then
        Call rwValid
    End If

    'CSVファイルからデータを転記
    Workbooks("data.csv").Worksheets(1).Rows(srcRw).Copy
    ThisWorkbook.Worksheets(1).Cells(dstRw, 1).PasteSpecial Paste:=xlValues
End Sub

Sub rwValid()
    MsgBox "不適切な値が入力されました。CSVファイルを閉じ、プログラムを終了します。"
    Workbooks("data.csv").Close
    End
End Sub
```

　これで元の機能は保ちつつ、2つのIfステートメント内で重複していた3行のコードを、Subプロシージャ「rwValid」にまとめることができました。

　もし、インプットボックスで数値以外が入力された際の処理（2つのIfステートメント内の処理）を変更したいとなった場合、今までは2つのIfステートメントの中をそれぞれ書き換える必要がありましたが、これからはSubプロシージャ「rwValid」の中身だけを書き換えればよくなり、変更により強くなりました。もちろん、見た目がスッキリして、より理解しやすくってもいます。

　このように複数の箇所で実行される処理をまとめたSubプロシージャのことは、専門用語で「サブルーチン」と呼ばれます。VBAに限らずほかのプ

185

第7章　共通するコードはまとめよう

ログラミング言語でも用いられる仕組みです。また、まとめる行為のことは
「サブルーチン化」と呼ばれます。サブルーチン化の手段は、VBAの場合は
Subプロシージャなどですが、言語によって異なります。

Callなしでもプロシージャは呼び出せるが……

　VBAの文法では、Callステートメントを使わなくても、プロシージャ名
のみ記述すれば呼び出して実行することが可能です。しかし、筆者はオスス
メしません。たとえばsample2.xlsmの場合、Callステートメントを使わな
いと、Ifステートメントの中は「rwValid」だけが記述されることになります。
1つ目のIfステートメントなら次のようになります。

```
If IsNumeric(srcRw) = False Then
        rwValid
End If
```

　これでは一見、「あれっ？　変数が単独で記述されている？　そんなことある
の？」と思えるなど、理解するのに時間を要するコードとなってしまいます。
　Callステートメントがあれば、サブルーチンを呼び出して実行している
ことが他人の目にも一目でわかるので、より理解しやすいコードにできます。

7-6

Subプロシージャの引数でちょっとした違いを吸収する

Subプロシージャの引数の使い方

　前節では、sample2.xlsmにて、重複する3行のコードをSubプロシージャ
にまとめました。その3行のコードをSubプロシージャ「getCsvData」か
らくくり出し、Subプロシージャ「rwValid」にまとめました（サブルーチン
化）。そして、Subプロシージャ「getCsvData」では、3行のコードの替わ

りに、CallステートメントでSubプロシージャ「rwValid」を呼び出すように
にしました。

　ここで、コードを改めて眺めてみると、Subプロシージャ「getCsvData」
にある2つのIfステートメントのコードが非常に似ていることに気づくで
しょう。違いは、条件式のIsNumeric関数に渡している引数が変数srcRw
か変数dstRwか、だけです。

・1つ目のIfステートメント

```
If IsNumeric(srcRw) = False Then
     Call rwValid
End If
```

・2つ目のIfステートメント

```
If IsNumeric(dstRw) = False Then
     Call rwValid
End If
```

　このようにほんのちょっとだけ違うコードも、Subプロシージャの引数を
利用すれば、違いを吸収して1つにまとめることができます。Subプロシー
ジャはメソッドやVBA関数などと同じく引数が使えます。大きく違うのは、
どのような引数がいくつあるのかは、メソッドやVBA関数などではあらか
じめ決められていますが、Subプロシージャではユーザーが自由に定義でき
ることです。

　引数ありのSubプロシージャの基本的な書式は次のとおりです。

▶ 書式

```
Sub プロシージャ名(引数名1 As データ型1, 引数名2 As データ型2 ……)
     処理
End Sub
```

　プロシージャ名のあとの「()」の中に、「引数名 As データ型」の形式で引数
を「,」区切りで並べていきます。引数が1つの場合は「,」は不要です。なお、

上記書式にはほかに、引数を省略可能にしたり、省略時の規定値を指定する書式などもありますが、今回は割愛させていただきます。

引数ありのSubプロシージャを呼び出す際は、「Call プロシージャ名」に続けて「()」を記述し、その中に渡したい引数を記述します。引数が複数ある場合は「,」区切りで並べていきます。これで、引数として渡した値を使って、そのSubプロシージャが実行されます。

▶ 書式

```
Call プロシージャ名(値1, 値2 ……)
```

共通処理をまとめるSubプロシージャでは、ほんのちょっとだけ違うコードの部分にこの引数を当てはめ、呼び出す際に値を変えられるようにします。そして、呼び出す際は、引数に別の値を指定することで、違いを出します。

▶ 図7-4　引数ありSubプロシージャを定義して呼び出す

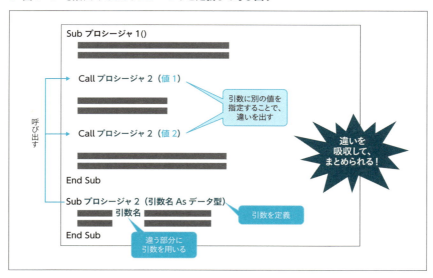

なお、VBAの文法として少々ややこしいのが、引数なしのSubプロシー

ジャを呼び出す際は、Callに続くプロシージャ名の後ろに「()」を記述してはならず、引数ありのSubプロシージャを呼び出す際は「()」が必須という点です。

ただ、前節でも紹介したように、引数なしのSubプロシージャを呼び出すコードで誤って「()」を記述しても、別の行に移動すればVBEが自動で削除してくれるので、あまり神経質になる必要はないでしょう。

Subプロシージャの引数を利用してコードをまとめる

それでは、Subプロシージャの引数を利用して、sample2.xlsmのコードをさらにまとめてみましょう。現在のコードでは、Subプロシージャ「getCsvData」にある2つのIfステートメントで違うのは、条件式のIsNumeric関数に渡している引数が変数srcRwか変数dstRwかだけでした。

この違いを吸収するよう、まずはIfステートメントもSubプロシージャ「rwValid」の中に移動します。そして、条件式のIsNumeric関数に渡す値を、Subプロシージャ「rwValid」の引数とするのです。ここがミソです。そうすれば、Subプロシージャ「rwValid」を呼び出す際に引数に渡す値に応じて、IsNumeric関数に渡す値も変えられるようになります。このように「ちょっとだけ違う」を引数で吸収できるのです。

では、先にSubプロシージャ「rwValid」をそのように変更しましょう。Ifステートメントを移動し、IsNumeric関数に渡す値を引数とします。引数名は何でもよいのですが、今回は「myRw」とします。データ型は変数srcRwおよび変数dstRwと同じVariant型にします。

▶ リスト　変更前（rwValid）

```
Sub rwValid()
    MsgBox "不適切な値が入力されました。CSVファイルを閉じ、プログラムを終了します。"
    Workbooks("data.csv").Close
    End
End Sub
```

第 7 章　共通するコードはまとめよう

▶ リスト　Ifステートメントを中に移したrwValid

```
Sub rwValid(myRw As Variant)
    If IsNumeric(myRw) = False Then
        MsgBox "不適切な値が入力されました。CSVファイルを閉じ、プログラムを終了します。"
        Workbooks("data.csv").Close
        End
    End If
End Sub
```

　次に、Subプロシージャ「getCsvData」を変更します。Ifステートメント
は移動したので削除します。そして、Subプロシージャ「rwValid」を呼び
出す2つのCallステートメントにて、引数にそれぞれ変数srcRw、変数
dstRwを指定します。

▶ リスト　変更前（getCsvData）

```
Sub getCsvData()
        :
    'CSVの行を指定
    srcRw = InputBox("読み込みたいデータの行番号を入力してください。")

    If IsNumeric(srcRw) = False Then
        Call rwValid
    End If

    '読み込み先の行を指定
    dstRw = InputBox("読み込み先の行番号を入力してください。")

    If IsNumeric(dstRw) = False Then
        Call rwValid
    End If
        :
End Sub
```

　また、両Ifステートメントの前の空行は今回、Ifステートメントが1行の
コードに置き換わることから、削除するとします。単に見た目を整える目的

7-6　Subプロシージャの引数でちょっとした違いを吸収する

で削除します。

▶ **リスト　Subプロシージャの引数を利用したgetCsvData**

```
Sub getCsvData()
        :
    'CSVの行を指定
    srcRw = InputBox("読み込みたいデータの行番号を入力してください。")
    Call rwValid(srcRw)

    '読み込み先の行を指定
    dstRw = InputBox("読み込み先の行番号を入力してください。")
    Call rwValid(dstRw)
        :
End Sub
```

　これで前節よりもさらにコードをまとめることができました。より理解し
やすく、整理されたコードとなりました。

Subプロシージャの実行に関するルールのおさらい

　ここで念のため、Subプロシージャの実行に関するルールのおさらいをし
ておきましょう。

- 引数なしのSubプロシージャはマクロとして単独で実行できる
- 引数ありのSubプロシージャは単独では実行できず、ほかのSubプロシー
  ジャなどから呼び出さないと実行できない

　また、余談ですが、呼び出されるSubプロシージャ側(サブルーチン側)
の引数は、専門用語で「仮引数」と呼ばれます。呼び出す側で渡す引数は「実
引数」と呼ばれます。VBAに限らず、すべてのプログラミング言語で共通
の用語です。

191

第7章 共通するコードはまとめよう

COLUMN

なぜVariant型にするの?

sample2.xlsmの変数srcRwとdstRw、およびSubプロシージャ「rwValid」の引数myRwはともにVariant型にしています。その理由はInputBox関数の戻り値にあります。InputBox関数はその機能上、数値も文字列も入力できます。入力された値は戻り値として得られるのでした。戻り値を格納する変数srcRwとdstRwは数値も文字列にも対応できる必要があります。

もし、たとえばLong型に指定してしまうと、文字列が入力された場合に実行時エラーが発生し、プログラムが中断してしまいます。String型にすると、数値が入力された場合に実行時エラーとなります。そのような事態を避けるため、文字列も数値にも対応可能とすべくVariant型にしました。

引数myRwは変数srcRwとdstRwのいずれかが渡されるので、こちらもVariant型にそろえています。

7-7

戻り値が必要ならFunctionプロシージャの出番

Functionプロシージャの使い方

7-4節から前節にかけて、共通する処理をSubプロシージャに切り出してまとめる方法を学びました。Excel VBAでは、共通する処理を切り出してまとめる手段として、このSubプロシージャに加え、Functionプロシージャも使えます。Functionプロシージャでもサブルーチン化できるのです。

Functionプロシージャの用途といえば、オリジナルのワークシート関数の作成を思い浮かべる方も多いかもしれませんが、共通する処理を切り出してまとめる手段としての用途も有効です。Subプロシージャと同じく、共通する処理をFunctionプロシージャの中に切り出すかたちでまとめます。そ

192

して、元の箇所では呼び出して実行します。

　Functionプロシージャと Sub プロシージャの違いは、Function プロシージャには戻り値があることです。プロシージャを呼び出して実行した後、その実行結果の値を以降の処理に使いたければ、Function プロシージャの戻り値を利用します。

　したがって、両者の使い分け方は、戻り値が必要かどうかで決めます。戻り値が必要なら Function プロシージャ、不要なら Sub プロシージャを使いましょう。

▶ **図 7-5　FunctionプロシージャとSubプロシージャの使い分け方**

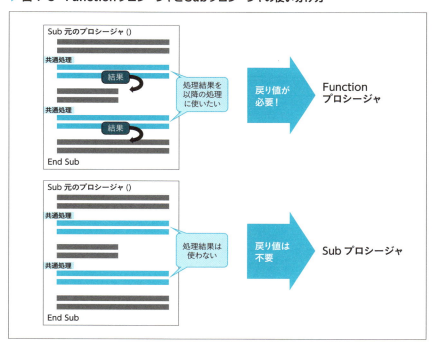

　Functionプロシージャの書式は以下です。

第7章　共通するコードはまとめよう

▶ 書式

```
Function プロシージャ名(引数名1 As データ型1, 引数名2 As データ型2 ……) As 戻り値のデータ型
    処理
    プロシージャ名 = 戻り値
End Function
```

「Function」に続き、プロシージャ名と引数までは、前節で解説した引数ありのSubプロシージャの書式と同じです。異なるのは、引数のカッコの後ろに、「As 戻り値のデータ型」が付くことです。ここで戻り値のデータ型を指定します。

加えて、「プロシージャ名 = 戻り値」によって、指定した戻り値を返します。同時に、Functionプロシージャを終了し、呼び出した元の処理に戻ります。

なお、「プロシージャ名 = 戻り値」は必ずしもプロシージャの最後に記述する必要はありません。プロシージャの途中に記述しても構いません。その「プロシージャ名 = 戻り値」が実行された時点でプロシージャを終了することになります。たとえば、IfステートメントのIfブロックやElseブロックに記述し、条件に応じて異なる戻り値を返す、といったこともできます。

Functionプロシージャを呼び出すコードは基本的に以下のかたちになります。

▶ 書式

```
変数 = Function プロシージャ名 ( 引数1, 引数2 ……)
```

「引数1」「引数2」は、引数に渡す実際の値です。そのような値は専門用語で「実引数」と呼ぶのでした (P.191参照)。Subプロシージャの呼び出しと同じく、プロシージャ名に続き、実引数をカンマ区切りでカッコ内に記述します。

Functionプロシージャの戻り値は多くの場合、「=」で変数などに代入して、以降の処理に使います。変数に代入する以外にも、たとえばプロパティに代入するケースもあります。

なお、各種メソッドやVBA関数、Subプロシージャなどを実行するコー

ドにて、Functionプロシージャそのものを引数に直接指定するケースがあります。直接指定する場合、代入の「=」は不要です。

コードのかたちとしては、「Functionプロシージャ名(引数1, 引数2……)」を引数にそのまま記述します。たとえばVBA関数の引数に指定するケースなら、「VBA関数名(Functionプロシージャ名(引数1, 引数2……))」といったかたちのコードになります。

サンプルの紹介（sample3.xlsm）

ここで、Functionプロシージャによって、共通する処理を切り出してまとめる例を紹介します。ブック名（ファイル名）は「sample3.xlsm」です。このサンプルは、とある会員向けサービスの予約申込フォームです。ユーザーはペアで申し込むサービスと想定します。ワークシートは以下の2枚があります。

- ワークシート「予約申込」：必要事項を入力し、申込みを行うワークシート
- ワークシート「料金表」：会員クラス別の料金やクーポンの値段といった情報が記載されたワークシート

sample3.xlsmの使い方

　ワークシート「予約申込」のC4～E4セルに予約者本人、およびC7～E7セルに同行者の必要事項を入力するとします。D4セルとD7セルに入力する「会員クラス」は、ワークシート「料金表」のA4～A7セルの4種類のいずれかとします。

　ワークシート「予約申込」のE4セルとE7セルに入力する「クーポン」は、「あり」または「なし」のいずれかとします。

　必要事項を入力し、[予約]ボタンをクリックすると、次のようなメッセージボックスを表示するとします。

　メッセージの内容は「合計～円になります。ご予約してよろしいですか？」とします。「～」の部分は2名分の料金の合計金額とします。予約者と同行者それぞれの料金を、フォームに入力された内容に応じて、ワークシート「料金表」から算出し、両者を足して求めます。

　メッセージボックスには[はい]ボタンと[いいえ]ボタンを配置します。この先は、[はい]ボタンを押すと予約を完了するために必要な処理へとつながっていくわけですが、その処理は本書の主旨からは離れますので、これらのボタンはダミーとして配置するにとどめます。

7-7　戻り値が必要ならFunctionプロシージャの出番

sample3.xlsmのコード

サンプル「sample3.xlsm」のコードは以下とします。なお、誌面へのコードの掲載量を極力減らすため、あえて定数化は行っていません。また、メッセージボックス以降の処理は割愛しています。コメントも最小限にとどめています。

▶ リスト　sample3.xlsmのコード

```
1   Option Explicit
2
3   Sub reserve()
4       Dim priceRsv As Long   '予約者の料金
5       Dim priceCmp As Long   '同行者の料金
6       Dim i As Long
7       Dim res As Long        'メッセージボックスの結果
8       Dim wsReserveForm As Worksheet
9       Dim wsPriceList As Worksheet
10
11      Set wsReserveForm = Worksheets("予約申込")
12      Set wsPriceList = Worksheets("料金表")
13
14      '予約者の会員クラスの料金を取得
15      For i = 4 To 7
16          If wsPriceList.Cells(i, 1).Value = wsReserveForm.Range("D4").Value Then
17              priceRsv = wsPriceList.Cells(i, 2).Value
18              Exit For
19          End If
20      Next
21
22      'クーポンありなら値引き
23      If wsReserveForm.Range("E4").Value = "あり" Then
24          priceRsv = priceRsv – wsPriceList.Range("D4").Value
25      End If
26
27      '同行者の会員クラスの料金を取得
28      For i = 4 To 7
29          If wsPriceList.Cells(i, 1).Value = wsReserveForm.Range("D7").Value Then
30              priceCmp = wsPriceList.Cells(i, 2).Value
```

197

第 7 章　共通するコードはまとめよう

```
31            Exit For
32        End If
33    Next
34
35    'クーポンありなら値引き
36    If wsReserveForm.Range("E7").Value = "あり" Then
37        priceCmp = priceCmp - wsPriceList.Range("D4").Value
38    End If
39
40    '合計金額をメッセージボックスに表示
41    res = MsgBox("合計" & (priceRsv + priceCmp) & "円になります。ご予約してよろしいですか?", vbYesNo)
42 End Sub
```

サンプルを Function プロシージャでまとめる

　「sample3.xlsm」のコードでは、14 ～ 25 行目に記述されている予約者の
処理と、27 ～ 38 行目に記述されている同行者の処理の 2 ヵ所にて、ほぼ
同じコードが記述されています。どちらも、会員クラスとクーポンから料金
を取得する処理です。それぞれ取得した料金は予約者なら変数 priceRsv、
同行者なら priceCmp に格納し、最後の合計金額を表示する処理に用いてい
ます。

　両者のコードで異なるのは、会員クラスとクーポンのセルの場所の部分だ
けです。すべて If ステートメントの条件式に登場します。予約者の会員クラ
スは D4 セル、クーポンは E4 セルであり、同行者の会員クラスは D7 セル、
クーポンは E7 セルになります。

7-7 戻り値が必要ならFunctionプロシージャの出番

▶ 図 7-6　ほぼ同じコードが存在する

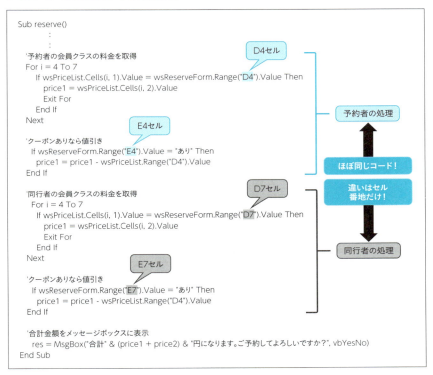

　これらの大部分が重複したコードをFunctionプロシージャに切り出してまとめます。違いである会員クラスとクーポンの部分は、引数化して対応します。そして、両者ともに処理結果として取得した料金を変数priceRsvとpriceCmpに代入していますが、料金はFunctionプロシージャの戻り値として得られるようにして、それを変数priceRsvとpriceCmpに代入するようにします。

　これら共通する処理をFunctionプロシージャに切り出してまとめたコードが以下になります。Functionプロシージャ名は「getPrice」としています。

第 7 章　共通するコードはまとめよう

▶ リスト　**Function** プロシージャ 「**getPrice**」 にまとめたコード

```
Option Explicit

Sub reserve()
    Dim priceRsv As Long   '予約者の料金
    Dim priceCmp As Long   '同行者の料金
    Dim res As Long        'メッセージボックスの結果
    Dim wsReserveForm As Worksheet

    Set wsReserveForm = Worksheets("予約申込")

    '料金を取得
    With wsReserveForm
        priceRsv = getPrice(.Range("D4").Value, .Range("E4").Value)   '予約者
        priceCmp = getPrice(.Range("D7").Value, .Range("E7").Value)   '同行者
    End With

    '合計金額をメッセージボックスに表示
    res = MsgBox("合計" & (priceRsv + priceCmp) & "円になります。ご予約してよろしいですか？", vbYesNo)
End Sub

Function getPrice(memberClass As String, coupon As String) As Long
    Dim i As Long
    Dim price As Long
    Dim wsPriceList As Worksheet

    Set wsPriceList = Worksheets("料金表")

    '顧客の会員クラスの料金を取得
    For i = 4 To 7
        If wsPriceList.Cells(i, 1).Value = memberClass Then
            price = wsPriceList.Cells(i, 2).Value
            Exit For
        End If
    Next

    'クーポンありなら値引き
    If coupon = "あり" Then
        price = price - wsPriceList.Range("D4").Value
```

200

7-7 戻り値が必要ならFunctionプロシージャの出番

```
    End If

    getPrice = price
End Function
```

Subプロシージャ「reserve」で、もともと共通する処理があった箇所には、Functionプロシージャ「getPrice」を呼び出すようコードが変更されています。元のコードで異なる箇所であった会員クラスとクーポンのセルの場所は、引数memberClassと引数couponによって、呼び出し時に値を変えられるようにすることで吸収しています。

1ヵ所目の呼び出しでは予約者本人の料金を取得するために、Functionプロシージャ「getPrice」の引数memberClassには、予約者本人の会員クラスの値として「.Range("D4").Value」、引数couponにはクーポンあり／なしの値として「.Range("E4").Value」を渡しています（ワークシートのオブジェクトである変数wsReserveFormはWithステートメントでまとめています）。

2ヵ所目の呼び出しでは、同行者の料金を取得するために、引数memberClassには同行者の会員クラスの値として「.Range("D7").Value,」、引数couponにはクーポンあり／なしの値として「.Range("E7").Value」を渡しています。

そして、Functionプロシージャ「getPrice」の戻り値を1ヵ所目では変数priceRsvに、2ヵ所目では変数priceCmpに格納し、以降の合計金額を表示する処理に用いています。

201

第 7 章　共通するコードはまとめよう

▶ 図 7-7　Function プロシージャにまとめる

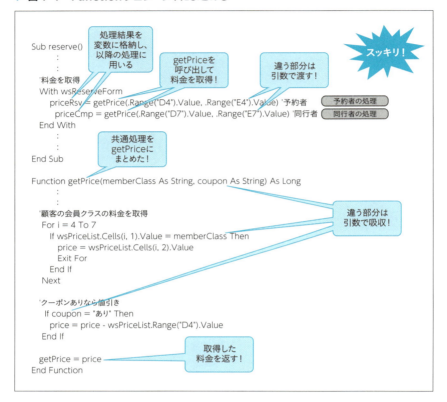

　このように、1 つの Sub プロシージャに共通する処理があり、かつ、その処理結果を以降の処理に用いるパターンでは、共通する処理は Function プロシージャに切り出します。処理結果を戻り値として使えるようにするかたちにすれば、コードの重複を解消でき、より良いコードにできます。

　なお、Sub プロシージャ「reserve」では、変数 wsReserveForm を With ステートメントでまとめています。割愛しますが、Function プロシージャ「getPrice」の変数 wsPriceList も、同様に With ステートメントでまとめてもよいでしょう。

　また、会員クラス別の料金を取得する処理手順はほかに、たとえば

WorksheetFunctionオブジェクトによって、VLOOKUP関数をコード内で使う方法なども考えられますが、今回は上記のようにIfステートメントとFor...Nextステートメントを組み合わせた処理手順としました。

7-8
長いコードは機能別に小分けにしよう

長いコードは分割して見やすくすべし

本章では7-4節～7-6節にてSubプロシージャ、7-7節ではFunctionプロシージャを利用して、共通する処理を切り出してまとめる方法を学びましたが、SubプロシージャやFunctionプロシージャでコードを切り出してまとめるのは、共通する処理だけにとどまりません。元のコードが非常に長い場合、小分けにするために、切り出してまとめることも有効です。

長いコードは見づらくなるのは言うまでもなく、全体を理解もしづらくなるものです。それゆえ、機能の追加などの変化に対応する際、必要なコードの追加・変更・削除が素早く正確にできなくなってしまうでしょう。

そこで、長いコードを小分けに分割します。分割は基本的に、機能単位を基準に行うのがセオリーです。機能ごとに処理を別のSub／Functionプロシージャに切り出して分割します。そして、元のSub／Functionプロシージャでは、それら分割したSub／FunctionプロシージャをCallステートメントで呼び出すかたちにします。これで機能は変えることなく、コードがより理解しやすく整理された状態に改善できます。

分割先におけるSubプロシージャとFunctionプロシージャの使い分け方は、これまでと同様です。Subプロシージャを基本的に用いて、戻り値を利用する場合はFunctionプロシージャを用います。

第 7 章　共通するコードはまとめよう

▶ 図 7-8　機能別にコードを分割する

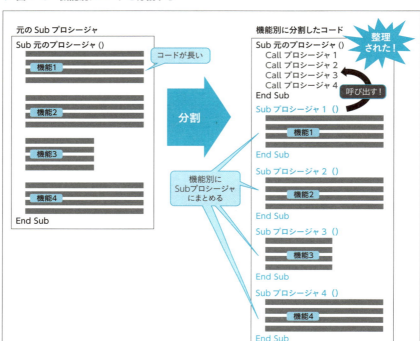

サンプルの紹介（sample4.xlsm）

　それでは、長いコードを小分けにする例をお見せしましょう。なお、ここでのサンプルは解説のため、コードの見た目をなるべくシンプルにすべく、コードの分量は分割すべきかどうか微妙な長さになっています。定数化もあえて行わず、コメントも最小限しか入れていません。

sample4.xlsmの使い方

　サンプルのシチュエーションは、ある店舗の予約管理です。ブック名(ファイル名)は「sample4.xlsm」です。
　次の画面のようにワークシート「Sheet1」が 1 枚あり、予約管理の各デー

タを4行目から入力します。A列には日付をあらかじめ入力しておきます。
B列には予約があった顧客の名前を該当日のセルに入力し、C列には各日の
シフトに入っているスタッフの名前を入力します。

・「sample4.xlsm」の画面

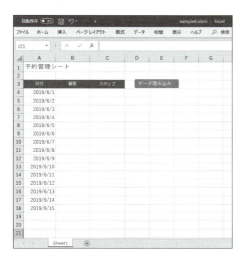

　顧客の予約のデータとスタッフのデータは、それぞれ別のブックに入力します。ブック名は顧客の予約が「予約受付表.xlsx」、スタッフのシフト「スタッフシフト表.xlsx」です。ともにsample4.xlsmと同じフォルダーに置くものとします。

　スタッフのシフト入力用のブック「スタッフシフト表.xlsx」は、ワークシートは同じく1枚のみで、名前は「Sheet1」のままとします。列の構成は次の画面のように、A列がシフトに入る日付、B列がスタッフの名前です。画面のようにデータの先頭は4行目であり、10件のデータが入力済みとします。

第 7 章　共通するコードはまとめよう

- スタッフシフト表.xlsxの画面

　顧客の予約受付のブックである「予約受付表.xlsx」は、ワークシートは1枚のみで、名前は「Sheet1」のままとします。列の構成は次の画面のように、A列が予約を受け付けた日付、B列が予約日、C列が顧客名です。画面のようにデータの先頭は4行目であり、6件のデータが入力済みとします。

- 予約受付表.xlsxの画面

「sample4.xlsm」のB列「顧客」には、「予約受付表.xlsx」に入力された予約のデータを読み込みます。具体的には、予約の該当日に顧客名を転記して入力するとします。同時に、「sample4.xlsm」のC列「スタッフ」には、「スタッフシフト表.xlsx」に入力されたシフトのデータを読み込みます。具体的には、該当日にスタッフの名前を転記して入力するとします。

これら2つのブックから必要なデータを読み込む処理をVBAで自動化します。その処理のSubプロシージャは[データ読み込み]ボタンにマクロとして登録されているとします。クリックして実行すると、画面のように転記されます。

・ **マクロ実行後の画面**

なお、[データ読み込み]ボタンを実行する際は、「予約受付表.xlsx」と「スタッフシフト表.xlsx」を閉じておいてください。開いたまま実行するとエラーになるので注意してください。

sample4.xlsmのコード

このサンプルのコードを示します。プロシージャ名は「makeReserveSheet」で、1つのSubプロシージャにすべての処理が詰め込まれています。

第 7 章　共通するコードはまとめよう

▶ リスト　sample4.xlsmのコード

```
1   Option Explicit
2
3   Sub makeReserveSheet()
4       Dim i As Long
5       Dim wbStaff As Workbook
6       Dim wsStaff As Worksheet
7       Dim wbReserve As Workbook
8       Dim wsReserve As Worksheet
9       Dim targetDay As Range
10
11      'スタッフのシフト情報を読み込み
12      Set wbStaff = Workbooks.Open(ThisWorkbook.Path & "¥" & "スタッフシフト表.xlsx")
13      Set wsStaff = wbStaff.Worksheets(1)
14      ThisWorkbook.Worksheets(1).Activate
15
16      For i = 4 To 13
17          Set targetDay = Range("A4:A18").Find(What:=wsStaff.Cells(i, 1).Value)
18          targetDay.Offset(0, 2).Value = wsStaff.Cells(i, 2).Value
19      Next
20
21      wbStaff.Close
22
23      '顧客の予約情報を読み込み
24      Set wbReserve = Workbooks.Open(ThisWorkbook.Path & "¥" & "予約受付表.xlsx")
25      Set wsReserve = wbReserve.Worksheets(1)
26      ThisWorkbook.Worksheets(1).Activate
27
28      For i = 4 To 9
29          Set targetDay = Range("A4:A18").Find(What:=wsReserve.Cells(i, 2).Value)
30          targetDay.Offset(0, 1).Value = wsReserve.Cells(i, 3).Value
31      Next
32
33      wbReserve.Close
34  End Sub
```

　細かい処理の解説は割愛しますが、把握していただきたいのが全体の大ま
かな構成です。変数宣言のあとの11行目のコメント「スタッフのシフト情

報を読み込み」から 21 行目の「wbStaff.Close」までが、スタッフのシフト
情報を読み込む処理です。23 行目のコメント「顧客の予約情報を読み込み」
から 33 行目の「wbReserve.Close」までが、顧客の予約情報を読み込む処
理になります。

　なお、この程度の分量のコードは「長い」とは言えず、分割する必要はな
いかもしれませんが、今回は練習として分割するとします。

機能ごとに Sub プロシージャにまとめる

　サンプルのコードについて、今回はスタッフのシフト情報を読み込む処理
と顧客の予約情報を読み込む処理で、それぞれ機能ごとに分割するとします。
　処理結果を以降の処理に用いる必要がなく、戻り値は不要なので、Sub プ
ロシージャを用います（もし、処理結果を以降の処理に用いる場合は、
Function プロシージャを利用するのでしたね）。
　分割先のプロシージャ名はシフト情報を読み込む処理用を「loadStaff」、
顧客の予約情報を読み込む処理用を「loadReserve」としています。

▶ **リスト　機能ごとに別の Sub プロシージャに分割したコード**

```
Sub makeReserveSheet()
        'スタッフのシフト情報を読み込み
        Call loadStaff
                                    ←劇的にスッキリした
        '顧客の予約情報を読み込み
        Call loadReserve
End Sub
```

209

第 7 章　共通するコードはまとめよう

```vb
Sub loadStaff() 'スタッフのシフト情報を読み込む
    Dim i As Long
    Dim wbStaff As Workbook
    Dim wsStaff As Worksheet
    Dim targetDay As Range

    Set wbStaff = Workbooks.Open(ThisWorkbook.Path & "¥" & "スタッフシフト表.xlsx")
    Set wsStaff = wbStaff.Worksheets(1)
    ThisWorkbook.Worksheets(1).Activate

    For i = 4 To 13
        Set targetDay = Range("A4:A18").Find(What:=wsStaff.Cells(i, 1).Value)
        targetDay.Offset(0, 2).Value = wsStaff.Cells(i, 2).Value
    Next

    wbStaff.Close
End Sub
```

> ↑
> 1つのSubプロシージャに1つの機能となり、構造がシンプルに
> ↓

```vb
Sub loadReserve()  '顧客の予約情報を読み込む
    Dim i As Long
    Dim wbReserve As Workbook
    Dim wsReserve As Worksheet
    Dim targetDay As Range

    Set wbReserve = Workbooks.Open(ThisWorkbook.Path & "¥" & "予約受付表.xlsx")
    Set wsReserve = wbReserve.Worksheets(1)
    ThisWorkbook.Worksheets(1).Activate

    For i = 4 To 9
        Set targetDay = Range("A4:A18").Find(What:=wsReserve.Cells(i, 2).Value)
        targetDay.Offset(0, 1).Value = wsReserve.Cells(i, 3).Value
    Next

    wbReserve.Close
End Sub
```

　注目していただきたいのは、元のSubプロシージャ「makeReserveSheet」です。パッと見て、劇的にスッキリしました。2つの大きな処理であるスタッ

フのシフト読み込みと顧客の予約情報読み込みを小分けにして、それぞれ2
つのSubプロシージャに分割して切り出しました。中身のコードは2つの
SubプロシージャをCallステートメントで呼び出す命令文が2つあるだけ
になっています。これで、プログラムの大まかな構造や処理の流れが一目で
わかるようになりました。

　小分けに分割した先となる2つのSubプロシージャでは、Subプロシー
ジャ「loadStaff」には、スタッフのシフト情報を読み込む処理をそのまま切
り出しています。Subプロシージャ「loadReserve」には、顧客の予約情報
を読み込む処理を同じくそのまま切り出しています。

　単純に分割しただけですが、1つのSubプロシージャに1つの機能の処理
がまとめられたため、より理解しやすくなりました。1つのSubプロシージャ
あたりのコードの分量自体も大幅に減ったため、見やすさも向上しています。

値の受け渡しにモジュールレベル変数も活用

　Subプロシージャを呼び出す際に、その前の処理の結果の値を使う必要が
あるなら、何かしらのかたちで値を渡す必要があります。その手段としては
Subプロシージャの引数を利用することが一般的ですが、引数の数が多くな
るとコードがゴチャゴチャして、かえって理解しづらくなってしまいます。

　そのような場合はモジュールレベル変数を利用するとよいでしょう。モ
ジュール内のすべてのプロシージャで利用できるモジュールレベル変数を用
意し、それらを呼び出し元のプロシージャと呼び出し先のプロシージャとの
間で、値の受け渡しに使います。定数も同様にモジュールレベルで利用でき
ます。

　モジュールレベル変数はプロシージャ間の値の受け渡しに加えて、受け取
りにも使えます。呼び出したプロシージャの処理結果の値を以降の処理に使
いたい際、基本はFunctionプロシージャの戻り値を利用するのですが、戻
り値はその仕組み上、1つの値しか返すことができません。その点、モジュー
ルレベル変数は数に制限がないので、複数の値を以降の処理に使いたければ、
値の受け取りに利用できます。

　ただし、モジュールレベル変数をあまり多用すると、不具合が生じた際に

第 7 章　共通するコードはまとめよう

処理の流れや変数等の値の変化を追うことが難しくなってしまいます。引数とモジュールレベル変数をどの程度使うのか、このバランスは難しいところですが、いろいろ試してみてちょうどよい落としどころを探ってみましょう。

7-9

変数を利用して賢くコードを分割しよう

フクザツなコードを変数で分割する

　前節では、コードの分量が多い 1 つの Sub プロシージャ全体のコードを、機能ごとに Sub プロシージャまたは Function プロシージャに小分けすることで、見通しの良いコードにする方法を学びました。

　本節では 1 行のフクザツなコードを小分けすることで、より良いコードにする方法を学びます。

　VBA は一般的にその文法などから、1 行のコードが長くなりがちです。ましてや、あるメソッドの引数に、別のメソッドやプロパティや VBA 関数を指定するなど、"入れ子"の構造になったコードは、どうしても 1 行が非常に長くなってしまいます。途中で改行したとしても、見づらくて理解するのに苦労するものです。また、入れ子になった箇所が 1 つだけでなく複数あるコードなら、さらに 1 行が長くなってしまいます。

　そこで、入れ子の構造になったコードを小分けにします。入れ子で 1 行が長いコードを、複数の短いコードに分割して整理することで、より見やすく理解しやすくします。

　入れ子になった 1 行のコードの分割には、変数を利用します。やり方は、入れ子の内側になっているコードの処理結果をいったん変数に格納します。ここでいう"処理結果"とは、実行したメソッドの戻り値、取得したプロパティの値、VBA 関数の戻り値、演算の結果などです。そして、入れ子の外側のコードでは、内側にあったコードの替わりにその変数を指定します。

212

このように入れ子になったコードについて、処理の中で使う値を、変数を経由させるかたちにすることで、複数のコードに分割するのです。

▶ 図 7-9　入れ子になったコードを分割する

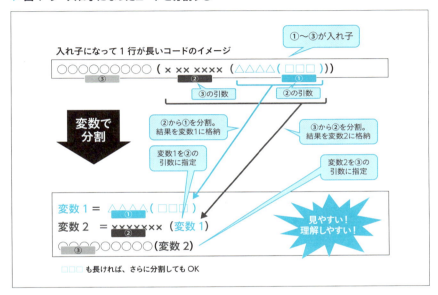

図 7-9 のような多重の入れ子の構造以外にも、複数の引数にいずれも長いコードが指定された入れ子の構造もあります。さらには複数のプロパティやメソッドが連なるパターンなどもあります。

いずれも変数で分割すれば、より見やすく理解しやすくなるでしょう。

サンプルの紹介（sample5.xlsm）

それでは、入れ子になった 1 行のコードを変数で分割する方法を紹介していきます。解説にはまず、ごく単純なサンプル「sample5.xlsm」を用います。コードの分量としてはそれほど多くなく、分割しなくても問題ない程度ですが、解説をよりシンプルにするため、少なめの分量のコードを用いています。

第 7 章　共通するコードはまとめよう

sample5.xlsmの使い方

　表のデータを先頭から指定した行数分だけ別の表へ転記するというサンプルです。転記元の表として、ある計測データがワークシート「Sheet1」にあるとします。データの先頭は 4 行目であり、列はA～Dの 4 列とします。転記する行数はD1 セルに入力し、[転記] ボタンをクリックすると転記が行われるとします。

　転記先となる別の表はワークシート「Sheet2」のA4 セル以降とします。列は同じA～Dの 4 列です。

7-9 変数を利用して賢くコードを分割しよう

　たとえば、3行分転記したい場合は、ワークシート「Sheet1」のD1セルに「3」を入力して[転記]ボタンをクリックします。すると、以下の画面のように4～7行目の3行分がワークシート「Sheet2」のA4セル以降に転記されます。

第7章　共通するコードはまとめよう

sample5.xlsmのコード

サンプル「sample5.xlsm」の機能は以上です。この処理のSubプロシージャが[転記]ボタンにマクロとして登録されているとします。プロシージャ名「copyTable」はとします。変数で分割する前のコードは以下とします。

▶ リスト　sample5.xlsmのコード

```
Sub copyTable()
    Range(Range("A4"), Cells(Range("D1").Value + 3, 4)).Copy
    Worksheets(2).Range("A4").PasteSpecial Paste:=xlValues
End Sub
```

入れ子になったコードを分割して解消する

Subプロシージャ「copyTable」の中身は2つのコードしかありません。1つ目のコードは、転記元の表を指定した行数だけクリップボードにコピーする処理です。2つ目のコードは、転記先のワークシートのA4セル以降に、値のみ貼り付ける処理です。

ここで1つ目のコードに注目してください。このコードは複数の引数に長いコードが指定された入れ子の構造になっています。大まかには「Range(始点セル, 終点セル).Copy」の形式になっています。VBAではセル範囲は「Range(セル番地)」の形式に加え（セル番地は文字列）、「Range(始点セル, 終点セル)」の形式でもセル範囲を指定できます。始点セルも終点セルも、セルのオブジェクトを指定します。

細かく見ていくと、1つ目のコードでは、始点セルは「Range("A4")」、終点セルは「Cells(Range("D1").Value + 3, 4)」を指定しています。この終点セルのCellsの行には、「Range("D1").Value + 3」という演算結果を指定した入れ子の構造になっています。なお、この「3」は表の見出しの行番号です。終点セルのセル番地の行番号は、転記したい行数に見出しの行を足した値になるため、このような演算を行っているのです。

ここで練習として、終点セルのCellsの行に指定している「Range("D1").Value + 3」を変数によって分割してみましょう。まずは演算である

216

「Range("D1").Value ＋ 3」の結果を変数に格納します。そして、その変数を終点セルのCellsの行に指定するかたちに書き換えます。変数名は「rwEnd」とします。データ型は行番号を格納するのでLong型とします。

```
Sub copyTable()
     Dim rwEnd As Long

     rwEnd = Range("D1").Value + 3
     Range(Range("A4"), Cells(rwEnd, 4)).Copy
     Worksheets(2).Range("A4").PasteSpecial Paste:=xlValues
End Sub
```

　Copyメソッドでコピーする前に、変数rwEndに「Range("D1").Value ＋ 3」を代入しています。そして、Copyメソッドのコードでは、終点セルのCellsの行に変数rwEndを指定しています。

　このように分割することで、終点セルのコードがスッキリしました。分割する前は「Range(始点セル, 終点セル)」の形式であることがよくわかりませんでしたが、分割によってわかりやすくなり、コードの見通しがよくなりました。今回のサンプルはわりと短めのコードでしたが、もっと長いコードなら、これらの効果はもっと得られるでしょう。

　また、今回は終点セルの行を分割しましたが、もし始点セルも同様に複雑で長いコードなら、変数を使って分割するとよいでしょう。

長くて複雑なコードも分割してスッキリ

　次は1行のコードがもっと長いケースを紹介します。

　表を丸ごとコピー＆貼り付けで転記する際、見出し行を除いて転記したいケースはありがちです。表の見出し行を除いた全体をコピーするには、見出し行を除いたセル範囲を取得する必要があります。

　その方法は何通りかありますが、よく用いられるのが次の①～③を順に実行する方法です。

・ ①表全体のセル範囲をCurrentRegionプロパティで取得

217

第 7 章　共通するコードはまとめよう

- ②取得したセル範囲をOffsetプロパティで全体的に1行下にずらす
- ③セル範囲の末尾の1行をResizeメソッドで減らす

　①〜③の処理を1行のコードで記述すると以下になります。表は先ほどのサンプル「sample5.xlsm」を用いるとします。

　なお、CurrentRegionプロパティ、Offsetプロパティ、Resizeメソッドをもしご存じなければ、本節末コラムで簡単に解説しましたので、そちらを参照してください。

```
Range("A4").CurrentRegion.Offset(1, 0).Resize(Range("A4").CurrentRegion.Rows.Count - 1)
```

▶ 図7-10　①〜③を1行にまとめたコードの意味

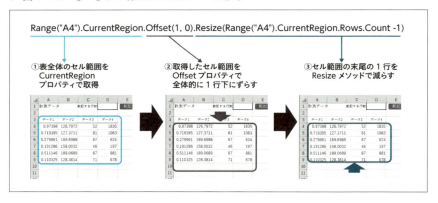

　3つのプロパティやメソッドが連なったコードです。1行のコードが非常に長いだけでなく、Resizeメソッドの引数には「Range("A4").CurrentRegion.Rows.Count - 1」が指定されて入れ子になっていたり、「.」（ピリオド）がたくさんあって区切りがわかりづらかったりして、いくらコードを読み込んでも、図7-10を見ても、なかなか意味がわからないでしょう。

　そこで、変数を使って分離します。分離のパターンは何通りか考えられますが、今回は①〜③ごとに1行のコードに分割し、各段階での処理結果を変数に格納するかたちにします。

　まずは①の処理結果を変数に代入します。そして②では、①の結果が格納

7-9　変数を利用して賢くコードを分割しよう

された変数に対して、②の処理を施した結果を改めて変数に代入します。さらに③も、②の結果が格納された変数に③の処理を行い、その結果を改めて変数に代入します。

この分割は具体的なコードを見たほうが理解が早いでしょう。コードは以下になります。変数はセル範囲のオブジェクトを格納するため、すべてRange型です。

```
Dim orgC As Range
Dim offsetC As Range

Set orgC = Range("A4").CurrentRegion          ①
Set offsetC = orgC.Offset(1, 0)               ②
offsetC.Resize(offsetC.Rows.Count - 1)        ③
```

変数宣言のあとの1つ目のコードが①、その次の2つ目のコードが②、3つ目のコードが③の処理になります。最後の3つ目のコードの戻り値として、目的のセル範囲のオブジェクトが得られます。なお、実用上はその戻り値をRange型変数などに代入して以降の処理に用いますが、上記コードでは省略しています。

では、3つのコードを解説します。1つ目のコードではCurrentRegionによって、見出し行を含めた表全体のセル範囲のオブジェクトを取得し、変数orgCに格納しています。

2つ目のコードではOffsetプロパティを使い、「orgC.Offset(1, 0)」と指定することで、変数orgCに格納されているセル範囲を全体的に1行下にずらしています。その結果を変数offsetCに格納しています。

3つ目のコードのResizeメソッドは、列数は省略すると、現在の列数を維持します。上記コードでは変更後の行数は「offsetC.Rows.Count - 1」を指定しています。「offsetC.Rows.Count」と記述すると、そのセル範囲の行数を取得できます。Rowsが行全体を取得するプロパティ、Countがその数を取得するプロパティになります。そして、「-1」することで、末尾の1行を減らしています。

分割前に比べてコードの分量は増えましたが、①～③の処理の流れが飛躍

219

第7章 共通するコードはまとめよう

的にわかりやすくなりました。最初の例も同様ですが、たとえコードの分量が増えても理解しやすさが増えるなら、変数を使ってどんどん分割しましょう。理解しやすくなることに加え、機能の追加・変更はもちろん、不具合発生時のデバッグも格段に行いやすくなります。

なお、Resize メソッドの引数「offsetC.Rows.Count - 1」も変数で分割してもよいのですが、今回はこの程度のコードの長さなら見づらくはないと判断し、分割しませんでした。分割しすぎるとコードの行数が増えるというデメリットもあるので、どこまで分割するかは適宜判断しましょう。

COLUMN

CurrentRegion と Offset と Resize について

■CurrentRegion プロパティ

`セル.CurrentRegion`

CurrentRegion プロパティは、そのセルを含む表のセル範囲のオブジェクトを自動で取得する便利なプロパティです。厳密にはアクティブセル領域（空行と空列で囲まれたセル範囲）を取得するので、そのセルにはデータが入力されている必要があります。

■Offset プロパティ

`基準セル.Offset(行, 列)`

Offset プロパティはセルのオブジェクトを相対的に指定して取得します。基準セルから指定した行・列の数だけ離れたセルを取得します。

■Resize メソッド

`元のセル範囲.Resize(行, 列)`

Resize メソッドはセル範囲の大きさを変更（リサイズ）します。その行と列の大きさに変更されたセル範囲のオブジェクトが得られます。

第 **8** 章

変化やトラブルにもっと
強いコードにする

第 8 章　変化やトラブルにもっと強いコードにする

8-1

表のデータの増減に自動対応可能にしよう

自動対応でもっと良いコードに！

　本書ではここまでに、良いコードを記述する方法を学ぶべく、「理解しやすい」ことと「整理されている」という 2 つの条件を満たすよう、サンプルのコードをさまざまな角度から改善してきました。そもそもこの 2 つの条件を満たしたいのは、マクロのプログラムを一度完成したあと、機能の追加やワークシートのレイアウト変更をはじめとする変化があり、それに対応することになった際、必要とされるコードの追加・変更・削除を素早く正確にできるようにするためでした。

　そこで、変化への対応がより容易かつ間違いなく行えるようにする方法として、主に 5 章にて、数値や文字列を定数化するなどの方法を学びました。変化があれば、定数に定義している値さえ変更するだけで、対応できるようコードを改善しました。ほかにも重複するオブジェクトの記述を変数にまとめる方法なども学びました。

　本節では、もう一歩押し進めて、そういった変化に対して、自動で対応可能にする方法を学びます。そもそも変化があってもコードの編集すら不要になるよう、コードを発展させる方法になります。

　もちろん、すべての変化に自動で対応することは不可能です。たとえば新たな機能を追加する、といった新規にコードを記述しなくてはならないことは不可能です。あくまでも可能な範囲で自動対応させれば十分です。

　ここでは自動対応の一例として、表の変化に対する自動対応を学びます。具体的にどのような変化なのか、どういった方法なのはこのあとすぐに順を追って解説しますが、非常によくあるケースの変化なので、定番とも言える方法です。それらを知っておくだけで、VBAのウデマエがグッと上がるでしょう。

8-1 表のデータの増減に自動対応可能にしよう

表のデータが増減したら、どう対応する？

それでは始めましょう。サンプルには、7-7節（P.192）で用いた「sample3.xlsm」を再び利用します。このサンプルでは現時点で、基本料金の表としてワークシート「料金表」のA4～B7セルに、会員のクラスと基本料金のデータが4件入力されています（A3～B3セルは見出し）。

	A	B	C	D	E
1	基本料金			クーポン	
2					
3	クラス	料金		値引き額	
4	ブロンズ	¥6,000		¥500	
5	シルバー	¥5,500			
6	ゴールド	¥4,500			
7	プラチナ	¥3,000			
8					
9					
10					

ここで、会員のクラスが1件増えたとします。すると、表には、新たなクラスのデータとして、A8～B8セルに1行追加することになります。データは5件に増え、表でデータが入力されている範囲はA4～B8セルとなり、全体で1行増える結果となります。

このような変化に対して、どのように対応すればよいでしょうか？ 現状のプログラムでは、Subプロシージャ「reserve」で、会員クラスの基本を取得する処理は、Functionプロシージャ「getPrice」で行っているのでした。Functionプロシージャ「getPrice」の中では、コメント「'顧客の会員クラスの料金を取得」以下のWithステートメントの中にあるFor...Nextステートメントによって、基本料金を取得しています。ワークシート「料金表」の4～7行目を繰り返し処理するため、For...Nextステートメントの初期値に4、最終値に7を指定しています。その部分だけを抜き出すと以下になります。

```
'顧客の会員クラスの料金を取得
For i = 4 To 7      ←――― 最終値
    If wsPriceList.Cells(i, 1).Value = memberClass Then
        price = wsPriceList.Cells(i, 2).Value
```

223

第8章　変化やトラブルにもっと強いコードにする

```
        Exit For
    End If
Next
```

　もし会員のクラスが1つ増え、基本料金の表にそのデータが1行追加されたら、表の末尾は8行目になるため、For...Nextステートメントの最終値を現在の7から、8に書き換える必要があります。現状では定数化していないので、「To」の後ろの最終値を直接書き換えることになります。

　このように、表のデータの増減に合わせて、For...Nextステートメントの最終値を書き換えることで対応できます。とはいえ、いちいち書き換えるのは手間がかかるのはもちろん、書き換えミスの恐れも常につきまといます。そこで、自動対応を考えます。書き換え自体を不要とします。

Endプロパティで表の末尾のセルを取得

　データの増減に自動対応させる方法は何通りかありますが、今回は定番とも言えるEndプロパティを使った方法を紹介します。Endプロパティは表の上下左右の端のセルのオブジェクトを取得するプロパティです。Excelのショートカットキーの [Ctrl] ＋矢印キーの機能に該当します。

　このショートカットを知らない方のために補足しますと、たとえば表の内側にある任意のセルを選択した状態で、[Ctrl] ＋ [↓] キーを押すと、選択したセルを出発点として、その列で表の一番下の行にあるセルにジャンプします（ここでいう「ジャンプ」とは、そのセルに移動して選択することを意味します）。さらに正確に表現すれば、任意のセルを出発点として、連続してデータが入力されているセルの一番下のセルにジャンプします。同様に [Ctrl] ＋ [→] を押せば表の右端のデータにジャンプします。

　話を戻して、Endプロパティの書式は次のとおりです。

▶ **書式**

セル .End (方向)

書式の「セル」の部分には、主発点となるセルのオブジェクトを指定します。カッコ内の引数には、目的の方向を以下の表の定数のいずれかを指定します。

▶ 表　Endプロパティの引数に指定可能な定数

定数	方向
xlUp	上
xlDown	下
xlToLeft	左
xlToRight	右

　上記書式に従ってEndプロパティを記述すると、主発点に指定したセルと引数に指定した方向に応じて、表の上／下／左／右端のセルのオブジェクトを取得できます。

▶ 図8-1　Endプロパティ

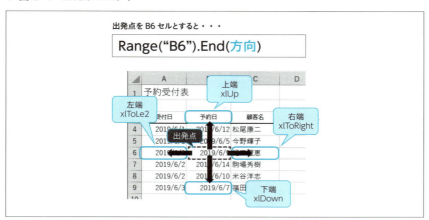

　たとえば、先ほどのサンプルの基本料金の表のA列の下端セルのオブジェクトを取得するコードは以下になります。出発点のセルは、表内でA列のセルなら何でもよいのですが、今回は先頭の見出し行であるA3セルとしています。もちろん、「Worksheets("料金表")」の部分は変数wsPriceListでも構いません。

第8章　変化やトラブルにもっと強いコードにする

```
Worksheets("料金表").Range("A3").End(xlDown)
```

　実行すると、表のA列の下端セルのオブジェクトが取得されます。サンプルの表のA列は、A3 ～ A7セルまでデータが連続して入力されており、その下端セルであるA7セルのオブジェクトが取得されます。

　注意していただきたいのは、Endプロパティで取得するのはあくまでも、表の上／下／左／右端のセルのオブジェクトです。[Ctrl] ＋矢印キーのように、実際にセルへジャンプするわけではありません。何かしらの動作を行うには、取得したセルのオブジェクトに対して、必要なプロパティやメソッドを使う必要があります。

　たとえばジャンプしたいなら、セルを選択するSelectメソッドを使います。本サンプルの表のA列の下端セルを選択したければ、「Worksheets("料金表").Range("A3").End(xlDown)」にSelectメソッドを付けて、下記のように記述します。

```
Worksheets("料金表").Range("A3").End(xlDown).Select
```

表の末尾セルの行番号を数値として取得

　Endプロパティの基礎は以上です。さて、本節はそもそも、サンプルsample3.xlsmのワークシート「料金表」の基本料金の表にて、会員のクラスが増減した際にコードを編集することなく、自動対応したいという目的があり、その手段がEndプロパティなのでした。そして、もしコードを編集するのなら、For...Nextステートメントの最終値を増減した基本料金の表の末尾の行番号に書き換える必要があったのでした。

　そのような最終値をEndプロパティによって自動で取得できるよう、これからコードを書き換えていきます。欲しいのは、基本料金の表の末尾のセルの行番号です。Endプロパティを利用し、会員のクラスの数に応じて、基本料金の表の末尾の行番号を自動で取得できるコードを考えます。

　基本料金の表の末尾のセルのオブジェクトなら、たとえばA列なら先ほど挙げた例のように、「Worksheets("料金表").Range("A3").End(xlDown)」

というコードで取得できるのでした。

このコードで取得できるのは、あくまでもオブジェクトです。欲しいのはその末尾のセルの行番号という数値です。そのためにはRowプロパティを用います。指定したセルの行番号を数値として取得するプロパティです。書式は以下です。

▶ **書式**

セル.Row

上記書式の「セル」の部分には、行番号を取得したいセルのオブジェクトを指定します。たとえば「Range("A3").Row」と記述すると、A3セルの行番号である3が数値として得られます。

基本料金の表の末尾のセルのオブジェクトは、「Worksheets("料金表").Range("A3").End(xlDown)」で取得できるので、その行番号を数値として取得するには、Rowプロパティを付けて以下のように記述すればよいことになります。

```
Worksheets("料金表").Range("A3").End(xlDown).Row
```

▶ 図 8-2　基本料金の表の末尾のセルの行番号を取得するコード

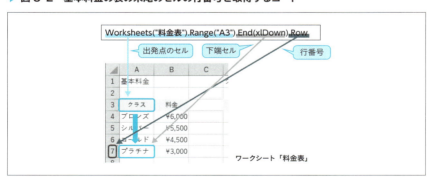

このように記述することで、基本料金の表のデータが何行あろうと、末尾のセルの行番号を取得することができりようになります。

第8章　変化やトラブルにもっと強いコードにする

表の増減に自動対応できるようサンプルを書き換えよう

　それでは、さっそくFunctionプロシージャ「getPrice」のFor...Nextステートメントの最終値を書き換えましょう。

　ワークシート「料金表」のオブジェクトは、For...Nextステートメントの前のコード「Set wsPriceList = Worksheets("料金表")」にて、変数wsPriceListに格納しています。したがって、先ほどの基本料金の表の末尾のセルの行番号を取得するコード「Worksheets("料金表").Range("A3").End(xlDown).Row」は、「wsPriceList.Range("A3").End(xlDown).Row」と記述できます。

　では、For...Nextステートメントの最終値に現在指定している「7」を「wsPriceList.Range("A3").End(xlDown).Row」に書き換えましょう。

```
'顧客の会員クラスの料金を取得
For i = 4 To 7
    If wsPriceList.Cells(i, 1).Value = memberClass Then
        price = wsPriceList.Cells(i, 2).Value
        Exit For
    End If
Next
```

⬇

```
'顧客の会員クラスの料金を取得
For i = 4 To wsPriceList.Range("A3").End(xlDown).Row
    If wsPriceList.Cells(i, 1).Value = memberClass Then
        price = wsPriceList.Cells(i, 2).Value
        Exit For
    End If
Next
```

　これで基本料金の表における会員のクラスの増減に自動対応可能となりました。試しに1件データを追加してみましょう。A8 〜 B8に次の画面のように「ロイヤル」「¥2,000」というデータを追加します。

228

8-1 表のデータの増減に自動対応可能にしよう

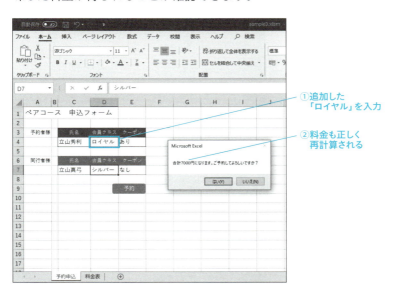

ワークシート「予約申込」に切り替え、会員のクラスに先ほど追加したデータを入力して実行すると、ちゃんとその基本料金を取得して、クーポンも加味した料金が得られることが確認できます。

①追加した「ロイヤル」を入力

②料金も正しく再計算される

本節ではこのように、表のデータの増減があっても、コードを一切編集することなく、自動で対応できるようコードを発展できました。

今回は自動対応の手段として、Endプロパティを軸に、表の中のセルを出発点として下端セルを取得しました。実はほかの方法でも下端セルを取得できます。たとえば、同じEndプロパティを使い、「表の外の下側のセルを出発点に、上端セルを取得する」という方法です（コラムを参照）。ほかにも

第8章　変化やトラブルにもっと強いコードにする

Endプロパティ以外のプロパティを利用した方法もいくつかあります。今回はそれらの具体的な方法や使い分け方の解説は割愛しますが、興味があれば調べてみるとよいでしょう。

COLUMN

表の下端セル、上から取得するか下から取得するか

　Endプロパティを用いて表の下端セルのオブジェクトを取得する方法として、表の外側の領域で下側にあるセルを出発点とし、Endプロパティには上端を取得する定数xlUpを指定する方法もあります。ちょうど、表の外の下側のセルを選択した状態で、ショートカットキーの Ctrl + ↑ を押したのと同じ機能になります。

　たとえば本節のsample3.xlsmで、料金表のA列の下端セルの行番号を取得するなら、次のようなコードになります。

```
wsPriceList.Range("A1048576").End(xlUp).Row
```

　出発点のセルはA1048576セルを指定しています。これはA列でワークシートの一番下のセルを意味します（ Ctrl + ↓ を数回押せば簡単に到達できます）。必ずこの1048576行を指定しなければならないわけではなく、確実に目的の表の外で下側にあるセルならどの行のセルでも構いません。

　この方法におけるEndプロパティはいわば"下から上へ"で目的のセルを取得しています。一方、本節で紹介した方法は"上から下へ"です。今回のsample3.xlsmでは、いずれの方法を用いても料金表の下端セルを得られますが、ワークシートの構成によっては使い分ける必要があります。

　使い分けの基準としては、表の途中に空白セルがあるかないかで判断します。Endプロパティはその機能の関係で、表の途中に空白セルがあると、その手前のセルを取得するようになっています。

　たとえばsample3.xlsmの料金表でA5セルが空だとすると、"上から下へ"の.End(xlDown)では、A3セルから出発してA4セルが取得されてしまいます。この場合は、"下から上へ"の方法を使えば、表の下端セルを得ることができます。

　一方で、ワークシートによっては、表本体の下に注釈などのデータが入っているケースがあります。その場合は、"下から上へ"の方法だと、その注釈のセルが取得されてしまいます。両方法には適さないワークシートの構成があるので、それを踏まえて使い分けましょう。

8-2

表の移動に自動対応可能にしよう

表が移動しても対応できるコードにするには

前節では変化の自動対応の例として、サンプル「sample3.xlsm」を用いて、基本料金の表のデータが増減しても、コードを一切編集することなく対応できるようコードを発展させました。前節での"変化"は表のデータの増減でした。本節では表の"移動"という変化について自動対応する方法を学びます。サンプルは前節に引き続き「sample3.xlsm」を用います。本節はボリュームも多く、かつ、かなり高度な内容なので、焦らずジックリと学習に取り組んでください。

表の移動という変化にプログラムを対応させるには、現状のコードでは列番号と行番号を指定している数値をそれぞれ増減させる必要があります。具体的にはFunctionプロシージャ「getPrice」にて、列方向の移動については、Cellsの列に指定している2つの数値を書き換える必要があります。行方向の移動については、処理の開始行を指定している箇所として、For...Nextステートメントの初期値も書き換える必要があります。なお、終了値については前節にてEndプロパティを利用して自動対応にしたため、書き換える必要はありません。

現状のコードは列も開始行も定数化しておらず、該当箇所に直接記述されている数値を書き換えなければなりません。その作業には少なくない手間と時間を要するうえ、書き換えミスの恐れも多く残ります。仮に定数化したとしても、作業の手間と時間はそれなりに要するものです。

そこで、表の移動に自動対応可能なるよう、コードを発展させましょう。以下の2つの仕組みを組み合わせて実現します。

第8章　変化やトラブルにもっと強いコードにする

- セルの相対的な指定
- 名前の定義機能

　「セルの相対的な指定」は、6-7節（P.158）で解説したセルを相対的に指定する方法がベースになります。6-7節では列のみを相対的に指定しましたが、今回は行についても相対的に指定します。

　「名前の定義」というのは、セルを数式などで参照する際、通常は「A1」などのセル番地を使いますが、実はユーザーが任意の名前を定義し、セル番地の代わりにその名前で参照することができるという機能です。しかも、そのセルを別の場所に移動しても、引き続きその名前で参照できるという大きな特長があります。

　「名前の定義」機能を知らない方も少なくないかと思いますので、まずは同機能の基本的な使い方から解説します。ご存じの方は「セルに定義した名前をVBAで利用する」まで読み飛ばしてください。なお、同機能自体はVBAやVBEの機能ではなく、Excel本体の機能ですが、定義した名前はVBAでも利用できます。

「名前の定義」機能のキホンを身につけよう

　「名前の定義」機能を利用するには、まずは目的のセルに任意の名前を付けます。その手順は、目的のセルを選択した状態で、ワークシート左上にある「名前ボックス」に、定義したい名前を入力して Enter キーを押します。これでそのセルにその名前を定義できます。以降はその名前を使って、そのセルを参照できます。

　実際に体験してみましょう。「sample3.xlsm」のワークシート「料金表」のD4セルに名前を定義するとします。D4セルはクーポンの値引き額の数値が入力されているセルです。名前は今回「クーポン額」とします。では、ワークシート「料金表」のD4セルを選択し、名前をボックスに「クーポン額」と入力して Enter キーを押してください。

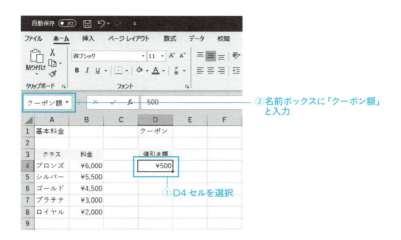

これでD4セルに「クーポン額」という名前を定義できました。以降、「クーポン額」という名前でD4セルを参照できます。さっそく試してみましょう。適当なセル（ここではD6セルとします）に「＝クーポン額」という数式を入力してください。すると、D4セルの値である数値の500が参照されて、D6セルに表示されます。

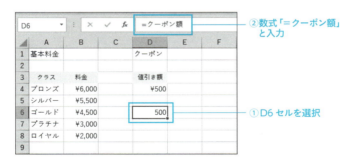

D6セルの数式バーを見ると、確かに数式は「＝クーポン額」が入力されています。先ほどD4セルに名前「クーポン額」を定義したため、「＝クーポン額」が「＝D4」と同じ意味の数式となり、D4セルの値を参照できたのです。

次に、名前を定義したセルを移動しても、引き続きその名前で参照できる

第 8 章　変化やトラブルにもっと強いコードにする

かも試してみましょう。D4 セルを適当な場所に切り取り＆貼り付けで移動してください。ここでは E5 セルに移動したとします。D4 セルを E5 セルに移動しても、D6 セルは数式「＝クーポン額」によって参照できていることが確認できるでしょう。

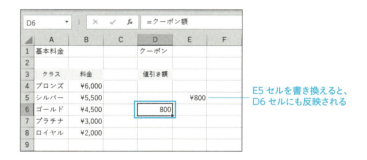

さらに移動先である E5 セルの値を書き換えると、D6 セルにちゃんと反映されます（下記画面では 800 に書き換え）。

これが「名前の定義」機能の特長です。ちょうど通常のセル番地を使った参照でも、数式に用いているセルを移動した際、数式内のセル番地が移動先のセル番地に自動で書き換えられる機能と同じような結果となります。

それでは、このあとの解説のため、セル「クーポン額」を元の D4 セルに戻し、かつ、書き換えた値を元の 500 に戻しておいてください。あわせて、D6 セルの数式「＝クーポン額」を削除しておいてください。［元に戻す］コマ

ンド（ショートカットキー [Ctrl] + [Z]）を必要な回数だけ実行するのが手軽で
しょう。

• **D4 セルに「クーポン額」と名前を付けたところまで戻す**

	A	B	C	D	E	F
	クーポン額 ▾		× ✓	fx	500	

	A	B	C	D	E	F
1	基本料金			クーポン		
2						
3	クラス	料金		値引き額		
4	ブロンズ	¥6,000		¥500		
5	シルバー	¥5,500				
6	ゴールド	¥4,500				
7	プラチナ	¥3,000				
8	ロイヤル	¥2,000				
9						

セルに定義した名前をVBAで利用する

　次に、セルに定義した名前をVBAで利用してみましょう。Rangeのカッ
コ内に、定義した名前を文字列として記述すれば、その名前のセルのオブジェ
クトを取得できます。たとえば、定義した名前が「クーポン額」なら、「Range("
クーポン額")」と記述することで、そのセルのオブジェクトを取得できます。

　Functionプロシージャ「getPrice」では、クーポンによる値引き処理のコー
ド「price = price - Range("D4").Value」にて、ワークシート「料金表」の
D4セルのセル番地として、Rangeのカッコ内に文字列「D4」を記述してい
ます。

　では「D4」を定義した名前「クーポン額」に書き換えてみましょう。

```
        :
' クーポンありなら値引き
If coupon = "あり" Then
        price = price - wsPriceList.Range("D4").Value
End If
        :
```

↓

第 8 章　変化やトラブルにもっと強いコードにする

```
        :
'クーポンありなら値引き
If coupon = "あり" Then
    price = price - wsPriceList.Range("クーポン額").Value
End If
        :
```

　書き換えたら動作確認しましょう。書き換え前と変わらずクーポンによる
値引き処理が行われるのが確認できます。
　さて、実はD4セルのオブジェクトを定義した名前で取得するようにした
ことで、クーポンの値引き額の数値が入力されたセルをもし、D4セルから
別のセルに切り取り＆貼り付けで移動しても、コードを一切変更することな
く自動で対応できるようになっています。
　本当に自動対応できるか、動作確認してみましょう。実際に次の画面のよ
うに、D4セルから別のセル（画面ではE5セル）に移動してください。

　ワークシート「予約申込」に切り替え、[予約]ボタンをクリックして実行し
てみると、移動前と変わらず値引き処理が行われるのが確認できます。

8-2 表の移動に自動対応可能にしよう

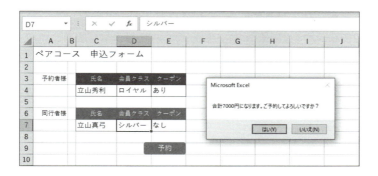

このように「名前の定義」機能を利用すれば、セルの移動に自動で対応できるようになります。それでは、このあとの解説のため、ワークシート「料金表」に戻り、**移動したセル「クーポン額」を元のD4セルに戻しておいてください。**

定義した名前をあとから変更する方法

ここで、「名前の定義」機能について、定義した名前を管理する方法も紹介しておきます。定義した名前の管理は「名前の管理」画面で行います。[数式]タブの[名前の管理]をクリックすると、同画面が開きます。

第8章　変化やトラブルにもっと強いコードにする

　このように、定義した名前とセルが一覧表示され、どのセルにどのような名前が定義されているのかが一目でわかります。「名前」欄には定義した名前、「参照範囲」欄には定義されたセルが「ワークシート名!セル番地」の形式で表示されます。ワークシートとセットで定義され、セル番地の部分は「$」が付いた絶対参照の形式になります。なお、単一のセルではなく、セル範囲に名前を定義することもできます。その場合、セル番地の部分は「開始セル:終了セル」というセル範囲のおなじみの形式になります。

　定義した名前やセル（参照範囲）を変更したければ、一覧で目的の名前を選択して［編集］をクリックし、「名前の編集」画面で変更してください。削除したければ［削除］をクリックします。

　「名前の定義」機能はExcelの機能ですから、VBAに限らず、通常の操作にも使うことができます。たとえば、定義した名前を関数の引数に用いることもできます。セル範囲の名前を定義できるので、たとえばVLOOKUP関数の表の指定などにも利用できます。表が移動しても自動対応可能となります。また、定義した名前を名前ボックスのドロップダウンから選ぶと、そのセルにジャンプすることもできます。

　使いこなすと何かと便利な機能ですので、普段からExcelで表の作成やデータ管理などの作業を行う際も有効活用するとよいでしょう。

Cellsを使いセルを相対的に指定する

　ここまででセルの移動に自動対応する目処が立ちました。次に、セルを相対的に指定する方法と組み合わせることで、複数のセルの移動、つまり表の移動に自動対応します。では、その方法を解説します。

　VBAでセルを相対的に指定する方法は何通りかありますが、ここではCellsを用いた方法を採用するとします。Cellsはこれまでも「Cells(行, 列)」という書式に従い、行番号と列番号を指定することで目的のセルのオブジェクトを取得してきました。この書式に加え、相対的に指定するための以下の書式もあります。

▶ **書式**

```
基準セル.Cells(行, 列)
```

　上記書式の「基準セル」の部分には、セルのオブジェクトを指定します。「Cells(行, 列)」の前に親オブジェクトとして、セルのオブジェクトを指定するかたちになります。すると、親オブジェクトのセルを基準として、「行」と「列」に指定した数値に応じた場所にあるセルのオブジェクトを取得できます。

　ここで「行」も「列」も 1 を指定すると、基準セルと同じ場所になるのがポイントです。そのため、基準セルが 1 行目 1 列目のセルに該当します。言い換えると、行も列もともに 1 を指定すると、基準セルと同じセルのオブジェクトを取得することになります。そして、1 以外の数値を指定すると、「＜行の数値＞行目＜列の数値＞列目」の場所にあるセルのオブジェクトを取得することになります。

　たとえば、次のように記述した場合、A3 セルを基準として、2 行目 3 列目のセルということで、C4 セルのオブジェクトが取得されます。

```
Range("A3").Cells(2, 3)
```

▶ **図 8-3　「基準セル.Cells(行, 列)」の仕組みと使い方**

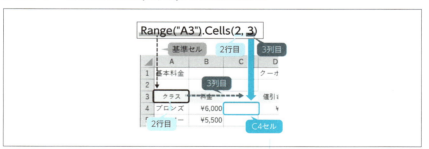

　この行と列の指定のやり方の原則は、実はこれまでに登場した Cells の通常の使い方である「Cells(行, 列)」と同じです。基準セルを省略して「Cells(行, 列)」とだけ記述すると、A1 セルが基準と見なされるのです。このため、

第8章　変化やトラブルにもっと強いコードにする

「Cells(1, 1)」と記述すればA1セルのオブジェクトが取得されます。「Cells(2, 3)」と記述すれば、C2セルのオブジェクトが取得されます。

　「基準セル.Cells(行, 列)」は基準がA1セルから「基準セル」に変わっただけです。このように捉えれば、セルの位置関係がつかみやすくなるのではないでしょうか。

　以上が「基準セル.Cells(行, 列)」の基本的な使い方です。

名前を定義したセルを基準に相対的に指定する

　さて、前提知識の解説が長くなりました。それでは、Cellsによるセルを相対的に指定する方法を、「名前の定義」機能と組み合わせていきましょう。基準のセルのオブジェクトを、定義した名前で指定することがミソです。その基準セルから相対的にセルを指定するかたちにするのです。

　「sample3.xlsm」の場合、まずは基本料金の表にて、表内の任意のセルを基準として、名前を定義しておきます。そして、その基準のセルを使って、表内のセルのオブジェクトを「セル.Cells(行, 列)」のコードで取得するようにします。つまり、「Range(基準セルの名前).Cells(行, 列)」のかたちのコードになります。

　このようなかたちのコードなら、もし基本料金の表が移動しても、基準のセルは名前を定義してあり、なおかつ、「Range(基準セルの名前)」と記述しているので、移動先に自動で対応してくれます。そして、「Range(基準セルの名前).Cells(行, 列)」によって、基準セルから相対的に指定しているため、基準セルさえ移動先に対応できれば、移動前と同様に表のそれぞれのセルのオブジェクトを取得できます。

　実際に体験したほうが早いでしょう。さっそくお手元のサンプルで実践してみましょう。まずはワークシート「料金表」の基準セルに名前を定義します。基準セルは、A4セルとします。データが入力されている領域の先頭行で、かつ、左端の列のセルになります。

　定義する名前は「基本料金基準」とします。では、ワークシート「料金表」のA4セルを選択し、名前ボックスに「基本料金基準」と入力して Enter キーを押してください。

8-2 表の移動に自動対応可能にしよう

	A	B	C	D	E	F
1	基本料金			クーポン		
2						
3	クラス	料金		値引き額		
4	ブロンズ	¥6,000		¥500		
5	シルバー	¥5,500				
6	ゴールド	¥4,500				
7	プラチナ	¥3,000				
8	ロイヤル	¥2,000				
9						

（数式バー：基本料金基準 ／ ブロンズ）

　これでA4セルに名前「基本料金基準」を定義できました。以降このセルは
この名前を使って、「Range("基本料金基準")」でオブジェクトを取得できま
す。

　なお、基準セルをA3セルにする手もあります。見出し行のA列に位置し、
表全体の左上にあたるセルです。今回はA4セルを基準にしたほうがコード
がよりシンプルで理解しやすくなるのでそうしました（理由はのちほど
P.244の「初期値を相対的に指定する」で解説します）。

　次に、各セルのオブジェクトを、名前「基本料金基準」のセルを基準に取
得するよう、Functionプロシージャ「getPrice」のコードを書き換えましょ
う。現時点のコードでは、RangeやCellsを使ってセルのオブジェクトを取
得している箇所は以下①～③です。

- ①For...Nextステートメントの最終値
- ②Ifステートメントの条件式
- ③Ifステートメントの中

```
      :
'顧客の会員クラスの料金を取得
For i = 4 To wsPriceList.Range("A3").End(xlDown).Row        ①
    If wsPriceList.Cells(i, 1).Value = memberClass Then     ②
        price = wsPriceList.Cells(i, 2).Value               ③
        Exit For
    End If
Next
      :
```

241

第8章　変化やトラブルにもっと強いコードにする

　①For...Next ステートメントの最終値は、実は単純に書き換えればよい
わけではないので、①はあとまわしにして、先に②と③を書き換えるとしま
す。②と③で該当するセルのオブジェクトが含まれる部分だけを抜き出すと
以下になります。

- ② wsPriceList.Cells(i, 1).Value
- ③ wsPriceList.Cells(i, 2).Value

　②はCellsの行に変数i、列に数値の1を指定することで、A列のi行目の
セルのオブジェクトを取得しているのでした。これを名前「基本料金基準」
のセルを基準として、A列のi行目のセルのオブジェクトを取得するように
書き換えていきます。

　名前「基本料金基準」のセル番地は先ほど定義したとおりA4です。この
A4セルを基準として、A列のi行目のセルのオブジェクトを取得するには
どうすればよいでしょうか。

　まず列から考えます。基準はA4セルであり、A列のi行目のセルが欲し
いので、列は同じA列になるよう1を指定すれば良いことになります。②
は現状でも列に1が指定されているので、列は書き換えなくてもよい結果
となります。

　行をどのように指定すればよいのかは、実は単純は話ではないので、ここ
ではひとまず現状の「i」のままとします（次の項で解説します）。この時点で
は結果として、行も列も現状のままになります。

　名前「基本料金基準」のセルを基準とするには、「wsPriceList」と「.Cells(i,
1).Value」の間に、そのまま基準セルを付けます。基準セルはRangeのカッ
コ内に定義した名前を指定すればよいので、「Range("基本料金基準")」とな
ります。以上を踏まえると、下記のように変更すればよいことになります。

```
wsPriceList.Range("基本料金基準").Cells(i, 1).Value
```

　③は名前「基本料金基準」のセルを基準に、B列のi行目のセルのオブジェ
クトを取得したいのでした。列は基準セルがA列なので、B列は2列目とな
ります。あとは②と同じなので、同様に「.Range("基本料金基準")」を加え

242

8-2 表の移動に自動対応可能にしよう

ればOKです。

```
wsPriceList.Range("基本料金基準").Cells(i, 2).Value
```

これらを反映したのが下記のコードです。

▶ **リスト 名前を定義したセルを基準にしたコードに変更**

```
        :
'顧客の会員クラスの料金を取得
For i = 4 To wsPriceList.Range("A3").End(xlDown).Row
        If wsPriceList.Range("基本料金基準").Cells(i, 1).Value = memberClass Then
            price = wsPriceList.Range("基本料金基準").Cells(i, 2).Value
            Exit For
        End If
Next
        :
```

これで②と③の列については、セル「基本料金基準」を基準として相対的に指定するようコードを変更できました。

セルの行を相対的に指定するように書き換えるには

次に、後回しにしていた②と③の行を解説します。①にも関係する内容なので、①もあわせて解説します。

②と③のCellsの行は変数iのままにしてあります。この変数iはFor...Nextステートメントのカウンタ変数で、現状では初期値に4、最終値に「wsPriceList.Range("A3").End(xlDown).Row」を指定しています。これらは基本料金の表にてデータを行方向に順に処理するために指定したのでした。

基本料金表のデータは現在、ワークシート「料金表」の4〜8行目（A4〜B8）に入力されているので、初期値は先頭データの行番号である4、最終値は末尾のデータの行番号をEndプロパティによって自動で取得しています。

②は先ほど「wsPriceList.Range("基本料金基準").Cells(i, 1).Value」と書き換え、セル「基本料金基準」を基準に、i行目1列目のセルを相対的に指

243

第8章　変化やトラブルにもっと強いコードにする

定して取得するようにしました。そのため、変数iが初期値の4のとき、セル「基本料金基準」(A4セル)を基準に、4行目1列目のセルに位置するA7セルになってしまいます。これでは意図どおりに基本料金の表を処理できません。

初期値を相対的に指定する

　この問題を解決する方法はいくつか考えられますが、今回は初期値そのものを変更する方法を紹介します。大きな方針は「初期値を相対的に指定する」です。

　初期値は今まで、先頭データの行の絶対的な位置(行番号)として、4を指定していました。これを相対的に指定するように変更します。

　基準はセル「基本料金基準」(A4セル)です。先頭データの位置を相対的に見ると、基準セルの1行目に位置しています。そのため、初期値には「1」を指定すればよいことになります。

　実際に変数iが初期値の1のときを考えてみましょう。「wsPriceList.Range("基本料金基準").Cells(**1**, 1).Value」は、セル「基本料金基準」(A4セル)を基準に、1行目1列目のセルであるA4セルを取得することになり、意図どおり処理可能となります。あとは行が繰り返しのたびに1ずつ増えていけば——つまり、カウンタ変数iの値が1ずつ増えていけば、行方向に順番に処理できるでしょう。

　Cellsの行は先ほど、ひとまず変数iのままにしましたが、初期値を1に変更することで、変数iのままで意図どおり処理可能となります。これが可能になったのは、基準セルをデータの先頭である4行目のA4セルにしたからです。もし3行目のA3セルにしていたら、基準が1行上にズレるので、そのズレを埋めるよう、初期値を2にするか、Cellsの行は変数iに1を足すかしなければなりません。A4セルが基準なら、初期値は1のままで済み、なおかつ、Cellsの行も変数iのままで済むので、よりシンプルで理解しやすいコードになります。

▶ 図 8-4　行および初期値の書き換え

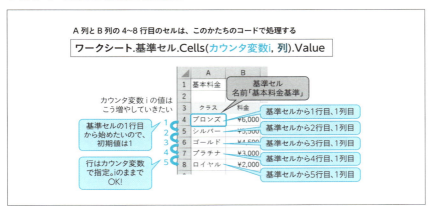

最終値を相対的に指定する

一方、①の最終値はどう書き換えればよいのでしょうか？

現時点では、「wsPriceList.Range("A3").End(xlDown).Row」と指定していますが、この式で得られるのは表の下端の"絶対的な"行数です。基本料金の表は現在 8 行目までデータがあるので、得られる値は 8 です。初期値は先ほど 1 に変更すればよいとわかったので、最終値が 8 だと、計 8 回繰り返されることになります。一方、表のデータが 5 行分しかありません。これでは「.Range("基本料金基準").Cells(i, 1).Value」によって、A4 セルを基準に 1 ～ 8 行目ということで、ワークシート「料金表」の 4 行目から 12 行目まで順に処理され、表の末尾を超えてしまい、意図どおりではありません。

最終値も初期値と同じく、相対的に指定するように変更します。基準セルから、データが入力されている行数分だけ繰り返すようにすれば、意図どおり処理できるようになります。そのためには、基本料金の表のデータの行数（件数）がわかればよいことになります。基準のセルがデータの先頭の行であり、そこからデータの行数分だけ繰り返せば、表の末尾を超えることなく意図どおり処理できます。試しに、現在データが 5 行分あるので「For i = 1 To 5」とすれば、ちゃんと意図どおりに動作します（実際に試した場合は、

元に戻しておいてください)。

基本料金の表のデータの行数を取得する方法は何通りか考えられますが、今回は先頭と末尾の行番号の差から求める方法をとります。

先頭の行番号は基準セルの行番号と等しいので、「wsPriceList.Range("基本料金基準").Row」で取得できます。末尾の行番号は前節のとおり「wsPriceList.Range("基本料金基準").End(xlDown).Row」で求められます。表の行数は末尾の行番号から先頭の行番号を引いた値に1を足せば求められます。たとえば2行目から5行目までの表なら、行数は5−2+1で4と求められます。

以上をコードに落とし込むと、最終値は次のように記述すればよいとわかります。

```
wsPriceList.Range("基本料金基準").End(xlDown).Row - wsPriceList.Range("基本料金基準").Row + 1
```

▶ 図 8-5　最終値の書き換え

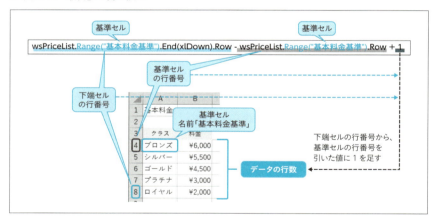

セルの行を相対的に指定するコード

では、ここまでの内容を踏まえ、コードを書き換えましょう。For...Nextステートメントの初期値は「1」に、最終値は「wsPriceList.Range("基本料金基準").End(xlDown).Row - wsPriceList.Range("基本料金基準").Row + 1」に変更してください。

8-2 表の移動に自動対応可能にしよう

▶ **リスト　For...Nextステートメントのカウンタ変数を相対的に指定したコード**

```
        :
'顧客の会員クラスの料金を取得
For i = 1 To wsPriceList.Range("基本料金基準").End(xlDown).Row - wsPriceList.Range("基本料金基準").Row + 1
    If wsPriceList.Range("基本料金基準").Cells(i, 1).Value = memberClass Then
        price = wsPriceList.Range("基本料金基準").Cells(i, 2).Value
        Exit For
    End If
Next
```

　これで基本料金の表を移動しても、コードを一切編集することなく、自答
対応可能となりました（コードの整理は8-3節で行います）。さっそく動作
確認してみましょう。ワークシート「料金表」にて、基本料金の表を適当に
移動してください。下記画面では元のA3～B8セル（見出し行も含む）から
2行下1列右の、B5～C10セルに移動しています。

　移動したら、ワークシート「予約申込」に切り替えて実行してください。
移動前と同じく、料金が意図どおり求められるのが確認できます。

247

第8章　変化やトラブルにもっと強いコードにする

　動作確認できたら、移動した基本料金の表を元の場所（A3 ～ B8 セル）に
戻しておいてください。

　なお、本来はコメントとして、For...Next ステートメントの最終値の仕組
みなどを記載しておくべきですが、今回は割愛させていただきます。

行を相対的に指定するその他の方法

　For...Next ステートメントの初期値については、1 に変更する以外にも、
たとえば初期値は 4 のままにして、Cells の行は変数 i からズレを埋める数
値を引くようにする、などが考えられます。ただ、基準セルを A3 セルにし
なかったのと同じ理由により、今回は採用しませんでした。

　最終値（基本料金の表のデータの行数）を取得する方法については、ほか
に CurrentRegion プロパティを軸とする方法も有効です。CurrentRegion
は表のセル範囲を自動で取得するプロパティです。ショートカットキー
Ctrl ＋ ＊ （テンキーの ＊ 。テンキーなしの PC なら Ctrl ＋ Shift ＋ : キー）
に該当します。

　このショートカットキーで選択できるセル範囲は、専門用語で「アクティブ
セル領域」と呼ばれます。厳密には、空行と空の列に囲まれたセル範囲になり
ます。もし表が 1 行目や A 列から始まっていれば、1 行目や A 列から選択さ
れます。余裕があれば、アクティブセル領域をより理解するために、ワークシー
ト上に適当にデータを入力して表を作り、同ショートカットキーを押して、
どのようなセル範囲が選択されるか、いろいろ試してみるとよいでしょう。

248

CurrentRegionプロパティはこのアクティブセル領域のオブジェクトを取得します。書式は以下のとおりです。

▶ **書式**

```
セル.CurrentRegion
```

上記書式の「セル」の部分に指定したセルを含む表のセル範囲（アクティブセル領域）のオブジェクトを取得します。

基本料金の表のデータの行数を取得するには、まずはCurrentRegionプロパティで基本料金の表のセル範囲を取得します。書式の「セル」の部分に指定するセルのオブジェクトは、表内のセルならどこでもよいのですが、ちょうど名前「基本料金基準」を定義しているので、それを利用しましょう。

```
Range("基本料金基準").CurrentRegion
```

これで、基本料金の表のセル範囲のオブジェクトを取得できました。次に、そのセル範囲の行全体のオブジェクトをRowsプロパティで取得します。さらに、その行全体のオブジェクトにおける行の数…… つまり行数をCountプロパティで取得します。

```
Range("基本料金基準").CurrentRegion.Rows.Count
```

最後に1を引きます。なぜなら、最終的に欲しいのは基本料金の表のデータの行数なのですが、セル「基本料金基準」を含むアクティブセル領域だと、見出しの行も含まれます。そのセル範囲の行数はデータの行数に加え、見出しの1行分も含まれてしまいます。それゆえ、1を引く必要があるのです。もし見出しが複数行ある場合は、その行数だけ引いてください。

```
Range("基本料金基準").CurrentRegion.Rows.Count - 1
```

これで基本料金の表の行数を数値として求められました。このコードをFor...Nextステートメントの最終値に指定すればよいことになります。

249

第 8 章　変化やトラブルにもっと強いコードにする

▶ 図 8-6　CurrentRegion プロパティを用いた行指定

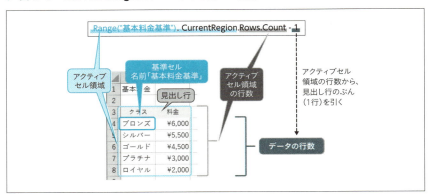

　本節では、セルを相対的に指定するのに Cells を用いましたが、ほかにも、7 章で登場した Offset プロパティを使って相対的に指定できます。具体的な方法や Cells との使い分けについては、今回割愛させていただきます。興味のある方は調べてみてください。

　また、表の移動に自動対応可能にする方法として、セルを相対的に指定する以外にも、「テーブル」機能を利用する方法もあります。こちらも解説は今回割愛させていただきます。

8-3

コードを整理してスッキリさせよう

With ステートメントでまとめよう

　sample3.xlsm はここまでで、表の移動やデータの増減に対して、自動対応できるコードが完成しました。そこで、あらためて書き換え後の Function プロシージャ「getPrice」全体のコードを眺めてみましょう。

　すると、顧客の会員クラスの料金を取得する処理にて、「wsPriceList.

8-3　コードを整理してスッキリさせよう

Range("基本料金基準")」という記述が 4 ヵ所に重複していることに気づきます。特に For...Next ステートメントの最終値には 2 ヵ所含まれている関係で非常にコードが長くなり、見づらく理解しづらくなってしまっています。

そこで、4 ヵ所ある「wsPriceList.Range("基本料金基準")」を With ステートメントでまとめましょう。

▶ リスト　変更前

```
'顧客の会員クラスの料金を取得
For i = 1 To wsPriceList.Range("基本料金基準").End(xlDown).Row - wsPriceList.Range("基本料金基準").Row + 1
    If wsPriceList.Range("基本料金基準").Cells(i, 1).Value = memberClass Then
        price = wsPriceList.Range("基本料金基準").Cells(i, 2).Value
        Exit For
    End If
Next
    :
```

▶ リスト　With ステートメントでまとめた後

```
    :
'顧客の会員クラスの料金を取得
With wsPriceList.Range("基本料金基準")
    For i = 1 To .End(xlDown).Row - .Row + 1
        If .Cells(i, 1).Value = memberClass Then
            price = .Cells(i, 2).Value
            Exit For
        End If
    Next
End With
    :
```

　コードがずいぶんスッキリしました。余裕があれば動作確認しておくとよいでしょう。

251

第8章　変化やトラブルにもっと強いコードにする

「名前の定義」で隠れていた重複箇所を整理する

さらにもっとコードをスッキリさせていきましょう。Withステートメントでまとめている記述「wsPriceList.Range("基本料金基準")」に着目してください。

「名前の定義」機能で付けた名前は、P.238で解説したように、「ワークシート名!セル番地」の形式で定義されています。名前「基本料金基準」のセルも、「料金表!A4」の参照範囲で定義されています。

一方Rangeは「Range("シート名!セル番地")」の形式で記述しても、指定したワークシートの指定したセル番地のセルのオブジェクトを取得できます。したがって、「Range("基本料金基準")」は「Range("料金表!A4")」と同じになります。そして、変数wsPriceListは「Worksheets("料金表")」でした。

すると、「wsPriceList.Range("基本料金基準")」は下記と同じになり、ワークシート「料金表」が重複しています。

```
wsPriceList.Range("料金表!A4")
```

このため、「wsPriceList.」は不要になります。では、その部分を削除し、「With wsPriceList.Range("基本料金基準")」から「With Range("基本料金基準")」に変更しましょう。変更後のコードは以下になります。

```
    :
With Range("基本料金基準")
    For i = 1 To .End(xlDown).Row - .Row + 1
        If .Cells(i, 1).Value = memberClass Then
            price = .Cells(i, 2).Value
            Exit For
        End If
    Next
End With
    :
```

さらにコードがスッキリして、より見やすく理解しやすくなりました。

252

8-3 コードを整理してスッキリさせよう

変数自体が整理できる例

これで終わりではありません。実はもっとコードをスッキリできます。

ワークシート「料金表」のD4セルは名前「クーポン額」を定義しましたが、こちらも同様に参照範囲はワークシート込みで定義されています。そのため、コードではワークシート「料金表」の変数wsPriceListを親オブジェクトに指定する必要はなく、「wsPriceList.Range("クーポン額").Value」は「Range("クーポン額").Value」と変更できます。

そうなると変数wsPriceList自体が不要になります。宣言やオブジェクト代入のコードも削除できます。その結果、Functionプロシージャ「getPrice」は以下のように整理できます。

▶ リスト　Functionプロシージャ「getPrice」（変更後）

```
Function getPrice(memberClass As String, coupon As String) As Long
    Dim i As Long
    Dim price As Long

    '顧客の会員クラスの料金を取得
    With Range("基本料金基準")
        For i = 1 To .End(xlDown).Row - .Row + 1
            If .Cells(i, 1).Value = memberClass Then
                price = .Cells(i, 2).Value
                Exit For
            End If
        Next
    End With

    'クーポンありなら値引き
    If coupon = "あり" Then
        price = price - Range("クーポン額").Value
    End If

    getPrice = price
End Function
```

Functionプロシージャ全体がさらに見やすく理解しやすくなりました。

253

第8章　変化やトラブルにもっと強いコードにする

また、名前の定義機能はもしワークシート名が変更されても、定義した名前の参照範囲に自動で反映されるので、コードの編集は一切不要です。このようにセルの移動やワークシート名の変更といった何かしらの変化があっても、すべて自動で対応可能になりました。

8-4

予期しづらいトラブルの受け皿を用意しておく

予期できるトラブルと予期しづらいトラブル

最後に「トラブルへの対処」を盛り込んでいきます。

ここでいうトラブルとは、VBAのプログラム（マクロ）の作成者が想定している使われ方をしなかったため、期待どおりの結果が得られなかったり、実行時エラーが発生してしまったりすることを指します。そういったトラブルへの対処となる処理をあらかじめ盛り込んでおくことも、さらに良いコードとするための条件なのです。

トラブルは大きく分けて2種類あります。

- プログラム作成者が予期できるトラブル
- プログラム作成者が予期しづらいトラブル

前者はたとえば、「処理に使うデータとして不適切な値が入力された」といったケースです。具体例はすでに、7章のサブルーチン化のサンプル「sample2.xlsm」で登場しています（P.179）。同サンプルのプログラムでは、読み込みたいデータの行番号をInputBoxで入力するようになっています。行番号は数値なので、本来は数値を入力してほしいのですが、InputBoxは文字列も入力できてしまいます。もし、文字列が入力されると、処理の中では行数の数値であるべき部分に文字列が使われてしまい、エラーになってしまいます。

254

8-4　予期しづらいトラブルの受け皿を用意しておく

このトラブルは十分に予期できるものです。同サンプルでは対処として、IsNumeric関数を利用し、Ifステートメントと組み合わせ、InputBoxで入力された値が数値かどうか判定し、もし数値でなければ、エラーメッセージをメッセージボックスに表示し、プログラムを途中で終了する処理を設けています。

後者の予期しづらいトラブルについても、その"受け皿"となる処理を用意しておくのが理想的です。では、そもそも予期しづらいトラブルとはどのようなトラブルなのか、受け皿となる処理はどのような処理で、どうプログラムを書けばよいのか、これから本節で学んでいきます。

なお、予期できるトラブルにせよ予期しづらいトラブルにせよ、それらに対処するための処理は一般的に「エラー処理」などと呼ばれます。本書も以降、この用語を用いるとします。

予期しづらいトラブルの例

予期しづらいトラブルとは、ザックリ言えば、「トラブルになるかどうかは"相手次第"で決まる」といった種類のトラブルです。

具体例を挙げて解説します。サンプルは7章7-8節の「sample4.xlsm」を用います。同サンプルの中でも、Subプロシージャ「loadStaff」でブック「スタッフシフト表.xlsx」を開く処理を用いるとします。該当するコードは以下です。

```
Set wbStaff = Workbooks.Open(ThisWorkbook.Path & "¥" & "スタッフシフト表.xlsx")
```

コードの内容をおさらいしておきましょう。WorkbooksコレクションのOpenメソッドを使ってブックを開いています。引数には、パス付きのブック名を文字列として指定しています。現在のブックのフォルダーのパスを「ThisWorkbook.Path」で取得し、「¥」とブック名の文字列を＆演算子で連結しています。「¥」はWindowsのパス区切り文字です。開いたブックのオブジェクトを変数wbStaffに代入し、以降の処理に用いています。

動作確認すると、問題なくブック「スタッフシフト表.xlsx」を開くことができます。しかし、そのように意図どおり動作するのは、あくまでも「スタッ

第 8 章　変化やトラブルにもっと強いコードにする

フシフト表.xlsx」という名前のブックが同じフォルダーにあることが前提です。ブック「スタッフシフト表.xlsx」が同じフォルダーになかったり、ブック名を勝手に変えられていたら、開くことはできず、実行時エラーになってしまいます。

　実際にブック「スタッフシフト表.xlsx」の名前を変えたり、ほかのフォルダーに移動してから実行してみると、以下の画面のように、実行時エラー画面が表示され、プログラムが途中で強制的に止まってしまいます。

　実行時エラー画面の [デバッグ] をクリックして閉じると、VBE 上で実行時エラーが起きたコードが黄色の帯で表示されます。

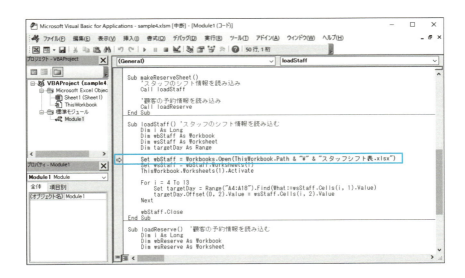

8-4 予期しづらいトラブルの受け皿を用意しておく

　黄色の帯が表示された状態のままだと、次回以降うまく実行できなくなるので、VBEのツールバーの［リセット］ボタンをクリックして閉じる必要があります。

　このようにブックを開くコード自体は問題なくても、ブック「スタッフシフト表.xlsx」側の状況次第で、実行時エラーが発生してしまうのです。ほかにも、たとえば同じ名前のブックがすでに開かれていたり、ブックのファイルが何かしらの理由で壊れていて開けなかったりなどのケースでは、同様に実行時エラーになってしまいます。

　このように、ある程度から先は相手次第となるため、プログラム側では完全に予期して実行時エラーを防ぐことはできません。

　この実行時エラーのようなトラブルが、予期しづらいトラブルの一例です。ブックやファイルを扱うプログラムではありがちです。ほかにも、インターネットで通信が必要なプログラムでもありがちなトラブルです。

　実行時エラーが発生すると先ほどの例のように、強制的にVBEが表示され、VBAのコードが見えてしまう結果となります。コードが見えてしまうことは、プログラム作成者自身が使っている最中ならともかく、別のユーザーが使っている最中だと、何事が起きたのかわからずに驚いてしまうでしょう。

　それだけならまだしも、VBE上にコードが表示されたということは、コードを自由に編集できてしまいます。もし誤ってコードを削除したり書き換えたりされてしまうと、プログラムが壊されてしまいます。そういった事態を避けるため、予期しづらいトラブルに起因する実行時エラーの問題を何とかして解決したいものです。

On Errorステートメントによる "受け皿"

　VBAには、こういった予期しづらいトラブルに起因する実行時エラーに対して、その "受け皿" となるエラー処理を作るための仕組みがちゃんと用意されています。それがOn Errorステートメントです。

　On Errorステートメントは、エラー関係の処理を制御するためのステートメントです。実行時エラーが発生しても、強制的にエラー画面とVBE表示されないようにできます。したがって、VBAのコードを編集可能な状態

第8章　変化やトラブルにもっと強いコードにする

にはならないので、プログラムが壊されてしまうことも確実に防げます。

　さらに、実行時エラーが発生したら、あらかじめ別途用意しておいたエラー発生時用の処理を実行させることもできます。そのため、たとえばエラーが発生した旨をメッセージボックスに表示し、プログラムを途中で終了させるなどの処理が可能となります。

　このような受け皿を用意することで、どういった原因で実行時エラーになるか予期できなくても、予期しづらいトラブルに起因する実行時エラーの問題を解決できます。

　On Error ステートメントの書式は以下です。

▶ **書式**

```
On Error Goto ラベル名
```

　「ラベル名」の部分ですが、「ここからがエラー発生時用の処理のコードですよ」という意味のラベルをコード上に記述して設定することになります。ラベル設定の書式は以下です。ラベル名に続けて「:」を記述します。

▶ **書式**

```
ラベル名:
```

　これら「On Error Goto ラベル名」と「ラベル名:」をセットで使います。この仕組みをSubプロシージャに組み込んだ場合の書式は以下になります。

▶ **書式**

```
Sub プロシージャ名
        :
    On Error Goto ラベル名
        :
    Exit Sub
ラベル名:
    エラー時の処理
End Sub
```

「ラベル名:」以下には、エラー発生時用の処理のコードを記述しておきます。「On Error Goto ラベル名」を記述した以降のコードで実行時エラーが発生したら、エラー画面とVBEを表示させず、「ラベル名:」でラベルを設定した箇所に処理がジャンプし、エラー発生時用の処理が実行されます。実行時エラーが一切発生しなければ、「ラベル名:」の手前のコードまで、通常どおり順に処理が実行されます。

忘れてはならないのが、「ラベル名:」のすぐ上にあるコード「Exit Sub」です。Subプロシージャを途中で抜けるという意味のコードです。このコードがないと、実行時エラーが発生せず「ラベル名:」の手前のコードまで実行された後、「ラベル名:」以下のエラー時のコードまでもが続けて実行されてしまいます。そのような事態を避けるため、「Exit Sub」を忘れないように注意してください。

▶ **図 8-7　エラー処理の流れ**

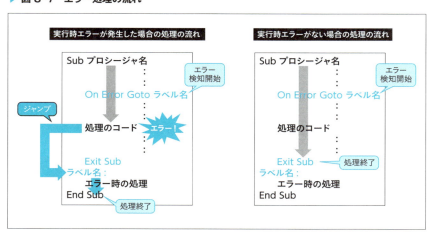

サンプルにエラー処理を組み込もう

On Errorステートメントによるエラー処理の基本を学んだところで、サンプル「sample4.xlsm」のSubプロシージャ「loadStaff」を用いて体験して

第8章　変化やトラブルにもっと強いコードにする

みましょう。同 Sub プロシージャにエラー処理を組み込みます。ラベル名は何でもよいのですが、今回は「myErr」とします。実行時エラーが発生した際の処理は今回、以下の 2 つとします。

- ①メッセージボックス「ブックを開けませんでした。プログラムを終了します。」を表示
- ②プログラム全体を強制的に終了させる

　実行時エラーが発生しうるのは本節冒頭に述べたように、ブック「スタッフシフト表.xlsx」を開く処理です。したがって、その前に「On Error Goto ラベル名」のコードを記述する必要があります。ラベル名は「myErr」なので、「On Error Goto myErr」と記述します。

　そして、Sub プロシージャの最後に「ラベル名:」として「myErr:」を記述し、エラー発生時の処理を記述します。内容は、①の処理コードは「MsgBox "ブックを開けませんでした。プログラムを終了します。"」になります。②の処理は End ステートメントを利用します。コードは単に「End」と記述するだけでOKです。

　そして、「myErr:」の手前には、「Exit Sub」を忘れずに記述します。

　以上を踏まえ、Sub プロシージャ「loadStaff」に以下のようにコードを追加してください。

▶ **リスト　変更前**

```
Sub loadStaff() 'スタッフのシフト情報を読み込む
    Dim i As Long
    Dim wbStaff As Workbook
    Dim wsStaff As Worksheet
    Dim targetDay As Range

    Set wbStaff = Workbooks.Open(ThisWorkbook.Path & "¥" & "スタッフシフト表.xlsx")
        :

    wbStaff.Close
End Sub
```

8-4 予期しづらいトラブルの受け皿を用意しておく

▶ リスト　エラー処理を追加した後

```
Sub loadStaff() 'スタッフのシフト情報を読み込む
    Dim i As Long
    Dim wbStaff As Workbook
    Dim wsStaff As Worksheet
    Dim targetDay As Range
    
    On Error GoTo myErr
    Set wbStaff = Workbooks.Open(ThisWorkbook.Path & "\" & "スタッフシフト表.xlsx")
        :
    
    wbStaff.Close
    Exit Sub
myErr:
    MsgBox "ブックを開けませんでした。プログラムを終了します。"
    End
End Sub
```

　追加できたら、動作確認してみましょう。一時的にブック「スタッフシフト表.xlsx」の名前を変更するか別のフォルダーに移動してから、Subプロシージャ「loadStaff」を実行してください。すると、次のようにメッセージボックスが表示されます。

　このようにOn Errorステートメントで用意しておいた受け皿によって、実行時エラーが発生してもVBEが起動してコードを強制的に表示することもなく、指定したエラー処理としてメッセージボックスが表示されるようになりました。
　また、ブック「スタッフシフト表.xlsx」が正しい名前で、想定した場所にある状態で実行すると、7-8節と同様の実行結果が得られます。

第8章　変化やトラブルにもっと強いコードにする

可能な限り予期してエラー処理を設ける

　予期できるトラブルへの対処と予期できないトラブルへの対処は、組み合わせて使うことも有効です。予期できるトラブル向けには対処のコードを設け、それで漏れるような予期できないトラブル向けに On Error ステートメントを用意しておくというかたちになります。

　その例を、サンプル「sample4.xlsm」の Sub プロシージャ「loadStaff」を再び用いて紹介します。先ほどは、すべてのトラブルを予期しづらいものとして扱いましたが、実は予期できるものがいくつかあります。

　そのひとつが、開きたいブックである「スタッフシフト表.xlsx」が存在するかどうかです。先ほどは、存在せず開くことができなければ、On Error ステートメントによってラベル「myErr」以降の処理を実行するようにしましたが、実は VBA 関数の Dir 関数を利用すれば、存在するかどうかを事前に調べることができます。書式は以下です。

▶ **書式**

```
Dir(ブック名)
```

　引数には、パス付きのブック名を文字列として指定します。存在するなら戻り値として、そのブック名の文字列が返されます。存在しなければ、空の文字列「""」が返されます。たとえば、ブック「スタッフシフト表.xlsx」が同じフォルダーに存在するのかを調べるには、以下のように記述します。

```
Dir(ThisWorkbook.Path & "¥" & "スタッフシフト表.xlsx")
```

　ThisWorkbook は現在のブックのオブジェクトです。厳密にいえば、コードが記述されているブックになります。Path はパスの文字列を取得するプロパティです。

　存在するならブック名である文字列「スタッフシフト表.xlsx」が返されます。パスの部分は含まれない点に注意してください。存在しないなら、空の文字列「""」が返されます。

8-4 予期しづらいトラブルの受け皿を用意しておく

ブックの存在を事前に確認する処理

今回紹介する対処の処理の例の大まかな流れは、存在するかどうかブック
を開く前に調べ、存在するならそのまま開き、存在しなければメッセージボッ
クスにメッセージを表示した後に処理を中止する、とします。

その処理のコードは、Dir関数とIfステートメントを組み合わせて記述し
ます。具体的には、Ifステートメントの条件式に、Dir関数の戻り値が空の
文字列かどうかを判定する式を指定します。条件が成立するならブックが存
在しないことになるので、Ifステートメントの中にメッセージを表示する処
理と処理を中止する処理（Exit Sub）を記述します。

```
If Dir(ThisWorkbook.Path & "\" & "スタッフシフト表.xlsx") = "" Then
    MsgBox "<メッセージの内容>"
    Exit Sub
End If
```

ブックが開いているかを事前に確認する処理

ブックを開く際は先述のとおり、「スタッフシフト表.xlsx」と同名のブッ
クがすでに開かれている場合もエラーになりますが、その判定も事前に行え
ます。

現在開いているブックのオブジェクトの集合はWorkbooksで得られま
す。For Each...Nextステートメントによって1つずつ順に取り出し、
Nameプロパティを使えばブック名が得られます。ブック名は拡張子込み
になります。たとえば、現在開いているブック名を順にメッセージボックス
に表示するプログラムは以下になります。

```
Dim wb As Workbook

For Each wb In Workbooks
    MsgBox wb.Name
Next
```

1つのブックのオブジェクトを入れる変数は名前を「wb」としています。

263

第8章　変化やトラブルにもっと強いコードにする

データ型は単一のブックのオブジェクトである Workbook です。単体なので最後に s が付かないスペルとなります。

　あとは一つひとつのブック名が「スタッフシフト表.xlsx」と等しいかどうか、If ステートメントで判定し、もしそうならメッセージを表示する処理と処理を中止する処理を設ければ、対処するコードになります。

　これら予期できる 2 種類のトラブルに対処する処理を用意した上で、さらに On Error ステートメントも用意します。これでファイルが壊れているなど、予期しづらいほかの原因によるトラブルにも対処できるようになります。

まずは予期しづらいトラブルの受け皿を作ることから

　現実的な問題として、エラー処理を考慮すればするほどコードの分量が多くなるので記述が大変です。

　そこで、プログラムを作成する大きな流れとして筆者がオススメするのは、まずはとりあえず On Error ステートメントだけを設け、すべて予期しづらいトラブルとして対処するようプログラムを作成します。そして、あとから時間に余裕がある時にでも、予期できるトラブルがないか調べ、もしあればそれに対処するコードを追加していきます。

　そのように徐々に対処の処理を充実させるようコードを発展させていけば、より良いコードを無理なく作り上げることができるでしょう。

264

索引

記号・数字

_（半角スペースとアンダースコア）
.... 44

&演算子 162

1行が長いコード 212

1行コメント 77

英字

Boolean型 110

btn 72

Callステートメント 183, 188

Cellsプロパティ 238, 239

Constステートメント 126

CurrentRegionプロパティ ... 220, 249

Date型 110

Dimステートメント 94, 109

Dir関数 262

Double型 110

dst 72

Endプロパティ 224, 230

Enumステートメント 162

Functionプロシージャ 192, 194

Long型 110

num 72

Object型 169

Offsetプロパティ 220

On Errorステートメント 258

Option Explicit ステートメント	99, 100	Value プロパティ	52
Range 型	116	Variant 型	109, 169, 192
Resize メソッド	220	VBA	14
Row プロパティ	227	VBE	34, 256
sample1.xlsm	19	Visual Basic for Applications	14
sample2.xlsm	179	wb	72
sample3.xlsm	195	With ステートメント	167, 177, 250
sample4.xlsm	204	Workbook 型	116
sample5.xlsm	213	Workbooks コレクション	117
Set ステートメント	169	Worksheet 型	116
src	72	ws	72
str	72	xlDown	225
String 型	110	xlToLeft	225
Sub プロシージャ	182, 187	xlToRight	225
		xlUp	225

あ行

アクティブセル領域 248

アッパーキャメル記法 56

一括置換 71

入れ子のコードを分割する 213

インデント 31, 46

大文字小文字が違う名前 171

大文字小文字の自動補正 104

オブジェクト変数 116, 167

オブジェクトをまとめる 170

か行

階層構造のオブジェクト 175

カウンタ変数 71

型が一致しません 108, 112

仮引数 191

機能別にコードを分割 203

キャメル記法（キャメルケース） 56

行継続文字 44

空行 39

組み込み定数 120

異なる意味の同じ数値 120

異なる意味の同じ文字列 157

コメント 76

コメントアウト 70

コレクション 117

コントロール 73

さ行

サブルーチン	185
字下げ	31
実引数	191
自動インデント機能	36, 38
自動対応	222, 231
集合	117
省略形	72
スネーク記法（スネークケース）	57
スペルミス	105
セルの相対指定	232
全角スペース	51
宣言	94
相対的に指定する	232, 240, 243

た行

置換	71
長整数型	110
定数	120
定数化	122, 158
定数と変数の使い分け	127
定数名	61
定数を定義する	126, 140, 152
データ型	107
デバッグ	112, 256
途中改行	43

な行

長いコード	203
長くて複雑なコード	217
名前	54
名前の管理	237
名前の定義機能	232, 252
日本語のプロシージャ名	61
日本語の変数名	73
入力補完機能	105

は行

倍精度浮動小数点型	110
半角スペース	51

日付型〜補完機能

日付型	110
フォーム	73
プロシージャ名	55
プロシージャレベル変数	96
分割	203
変数と定数の使い分け	127
変数の宣言	94
変数名	61, 72
変数を調べる	117
補完機能	104

ま行

マクロ	14
マクロの記録	28

マジックナンバー 122	リファクタリング 18
モジュールレベル変数 96, 211	列挙型変数 162
文字列型 110	ローワーキャメル記法 56
文字列を定数化 146	論理値 110

ユーザー定義定数 120

ユーザーフォーム 73

良いコード 15, 16

ラベル名： 258

●**立山 秀利**（たてやま ひでとし）

フリーランスのITライター。1970年生。筑波大学卒業後、株式会社デンソーでカーナビゲーションのソフトウェア開発に携わる。退社後、Webプロデュース業務を経て、フリーライターとして独立。現在はシステムやネットワーク、Microsoft Officeを中心に執筆中。主な著書に『Excel VBAのプログラミングのツボとコツがゼッタイにわかる本』（秀和システム）や『入門者のExcel VBA』（講談社ブルーバックス）、『入門者のPython』（同）など。

◆カバーデザイン　　　　　田中 望
◆本文デザイン・レイアウト　安達 恵美子

実務で使える
Excel VBA プログラミング作法
～「動けばOK」から卒業しよう！生産性が
上がるコードの書き方

2019年 10月 9日 初版　第1刷発行

著　者　立山 秀利
発行者　片岡 巌
発行所　株式会社技術評論社
　　　　東京都新宿区市谷左内町 21-13
　　　　電話　03-3513-6150　販売促進部
　　　　　　　03-3513-6166　書籍編集部
印刷／製本　日経印刷株式会社

定価はカバーに表示してあります。

本書の一部または全部を著作権法の定める範囲を超え，無断で複写，複製，転載，テープ化，ファイルに落とすことを禁じます。

©2019　立山秀利

造本には細心の注意を払っておりますが，万一，乱丁（ページの乱れ）や落丁（ページの抜け）がございましたら，小社販売促進部までお送りください。送料小社負担にてお取り替えいたします。

ISBN978-4-297-10871-7 C3055
Printed in Japan

●**お問い合わせについて**

　本書に関するご質問は，FAXか書面でお願いいたします。電話での直接のお問い合わせにはお答えできませんので，あらかじめご了承ください。また，下記のWebサイトでも質問用フォームを用意しておりますので，ご利用ください。

　ご質問の際には，書籍名と質問される該当ページ，返信先を明記してください。e-mailをお使いになられる方は，メールアドレスの併記をお願いいたします。ご質問の際に記載いただいた個人情報は質問の返答以外の目的には使用いたしません。

　お送りいただいたご質問には，できる限り迅速にお答えするよう努力しておりますが，場合によってはお時間をいただくこともございます。なお，ご質問は，本書に記載されている内容に関するもののみとさせていただきます。

◆**お問い合わせ先**

〒162-0846 東京都新宿区市谷左内町 21-13
株式会社技術評論社　書籍編集部
「実務で使えるExcel VBA
　　　　プログラミング作法」係
FAX：03-3513-6183
Web：https://gihyo.jp/book/